圖解————

諾貝爾化學獎的生活實用課

解析與生活零距離的劃時代研究

諾貝爾老師　　波波

山口 悟 著　陳識中 譯

前言

　　每年一到秋季，「今年誰會拿到諾貝爾獎」總會成為大家討論的話題。結果公布後，也會連續好幾天被新聞報導。諾貝爾獎有生理學或醫學獎、物理學獎、文學獎等許多範疇獎項。而本書所介紹的正是其中之一的化學獎。

　　聽到「諾貝爾化學獎」，你的腦中首先浮現的是什麼呢？「得獎者是世界頂尖的學者」、「非常偉大的發現」、「這項發現對人類的生活很有用處」、「背後需要有巨大的資金！」是不是常有這樣的印象呢？

　　我想即使是在學生時代選擇走文科的人，也都會覺得諾貝爾化學獎既了不起又很有趣。然而，應該有不少人想進一步瞭解諾貝爾化學獎的得獎研究，卻又覺得「內容太艱深了……！」、「要看懂的話非得回去複習高中化學，甚至國中理化才行嗎……？」。

　　諾貝爾化學獎的研究都是非常高深的內容，覺得難是理所當然的。其實，就連我這個專長為化學的理科生，也必須花很多時間才能完全理解那些研究的內容。畢竟雖然都叫做化學，但化學其實又可以再細分成很多不同的領域。

　　雖然知道諾貝爾化學獎的研究很難懂，但還是想知道它們的詳細內容！然而又沒有時間回去複習高中化學和國中的理化……！本書正是為了抱有這類苦惱的讀者們而寫的。希望通過諾貝爾化學獎，能讓大家認識化

學世界的思考方式，以及化學是如何與我們的生活息息相關。

　　那麼，以下簡單介紹本書的大綱。

　　在Chapter 1，我們會一邊概略介紹化學發展至現代的歷史，一邊講解化學的基本知識。希望先溫習化學基本知識的讀者，請重點式閱讀Chapter 1。

　　Chapter 2～9是本書的主幹，講解諾貝爾化學獎的主題。我們將介紹從以前到現代，那些拿到諾貝爾化學獎的革命性發現。

　　另外，本書還創造了以諾貝爾獎之父阿佛烈・諾貝爾為原型的「諾貝爾老師」；以及代表諾貝爾追求和平的精神，象徵和平的白鴿「波波」，來擔任本書的助手。

　　那麼，讓我們一起透過諾貝爾化學獎享受化學的樂趣吧！

諾貝爾老師　　　　　　　　　　　　　波波

目次

目次

Chapter 4

測量蛋白質的質量
MALDI 81

Chapter 5

足球狀分子的發現
富勒烯 105

目次

目次

創造鏡中世界的分子
不對稱合成法

Chapter

1

複習化學的基礎知識

在本章節，

我們將介紹化學的

基礎知識。

請跟著本書一邊認識化學的歷史，

以及我們生活中的化學，

一邊複習原子、分子

以及化學反應的知識吧！

1 跟隨歷史的腳步認識原子

說到化學就想到「**原子**」。

可以說地球上所有的物質，無論哪種東西皆是由某種原子所組成的也不為過。

地球上存在氫、氧、碳等各式各樣的原子。

簡單來說，你可以把原子想成是一種很小的顆粒。

究竟一粒原子有多麼小呢？尺寸差不多只有**高爾夫球的幾億分之一**那麼小。

順帶一提，高爾夫球的大小只有地球的幾億分之一。

這樣你就知道原子到底有渺小了吧。

因為原子實在太小了，所以人類沒辦法用肉眼直接看見。

我們習慣用英文字母組成的**元素符號**來表示原子。

舉例來說，氫原子的元素符號寫作英文的H，氧原子是O，碳原子則是用C來表示。

用元素符號表示原子，這件事聽起來好像難懂，但只要想成用音符來標示肉眼看不見的聲音，應該就很好理解了。

後圖是元素符號的排列表，俗稱「**週期表**」。

在表中＊1、＊2的位置是保留給單獨列在下方的另外2排元素，目前已知的元素一共有118種。

圖 1.1

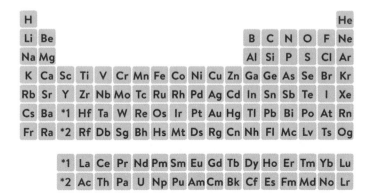

太多了記不住啦！

別擔心，在本書中只會出現
其中的十幾種

　　大家都還記得化學課本和坊間補習班教的各種背誦口訣「請你讓家茹
設法（氫鋰鈉鉀鉚鉋鈁）」吧。

　　雖然也有例外，但這些元素符號基本是按由輕到重的順序排列。

　　順帶一提，這其中也有由人類創造的元素。

　　世界上的各種物質，都是由這些元素符號所代表的原子組成的。

　　這個概念在現在已經是人人皆知的常識。

　　然而，人類其實花了非常漫長的時間，才好不容易建立了這個概念。

其歷史可追溯到西元前。

古希臘哲學家們，長久以來一直都在思索「萬物是由什麼構成的」這個問題。

例如，哲學家**泰利斯**（約B.C.624－約B.C.546）認為世間所有物質的根源是「水」；而**赫拉克利特**（約B.C.535－約B.C.475）則認為是「火」。

然後，又有一位叫**恩培多克勒**（約B.C.490－約B.C.430）的哲學家，主張萬物是由火、水、空氣、土4種元素組成。

這就是「**四元素說**」的起源。

因為這個理論認為所有物質都是由4種因子（元素）構成，所以叫四元素說。

然後，有一位希臘的權威級哲學家，各位應該都多少都曾耳聞過**亞里斯多德**的大名吧。

Aristotelēs
亞里斯多德
(B.C.384－B.C.322)

亞里斯多德認為，除了火、水、空氣、土4種元素外，物質的根源還有另一種「東西」。

這個「東西」沒有形體，無法被定義。

它是永恆且無限的萬物根源，亞里斯多德把它稱為「**原質**（Prima materia）」。

真的是非常抽象難懂的描述方式對吧。

在原質之上，加上「溫、冷、乾、濕」這4種性質的其中之二，便能形成火、空氣、水、土這4種元素……這便是亞里斯多德的四元素說。

圖 1.2

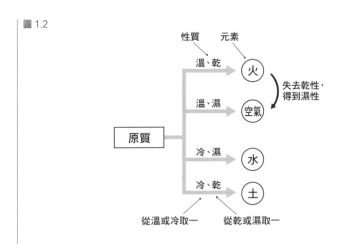

如圖所示，這個理論認為從溫或冷的性質中取一，再從濕或乾的性質中取一，附加在原質上，就會形成對應的元素。

例如，原質加上溫和乾的性質就變成「火」，加上溫和濕的性質則變成「空氣」。

不僅如此，亞里斯多德還認為只要替換這些性質，就能使原本的元素變成另一種元素。

比如拿走「火」元素的乾性，然後改加入濕性，就會變成「空氣」元素。

順帶一提，這個四元素說常常用次頁的這張圖來描述。

圖 1.3

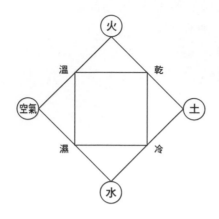

　　由此可見在遙遠的古時候，人們便已擁有概念，「元素」是組成物質的材料，並認為元素就是火、水、空氣、土這4種，而且相信元素之間還可以互相轉換。

　　這個理論在現代人看來簡直異想天開，但假如不知道原子的存在，那麼這種想法其實很合理。

　　因為無論是火、空氣、水、土，都是自然界的代表性物質和現象。

　　而亞里斯多德的四元素說，實際上直到16世紀都仍然被西方人普遍相信著。

　　另一方面，同樣生活在古希臘的哲學家**留基伯**（生卒年不詳），則認為「**把我們身邊的物質不斷地分割，最後將變成某種無法繼續分割的粒子**」。

　　這個想法，跟現代「物質是由原子這種微小顆粒所組成」的思路是相同的呢。

　　而留基伯的學生，同樣是哲學家的**德謨克利特**，將這種「無法繼續分割的粒子」稱為「**Atomos**」。

Dēmokritos
德謨克利特
（約B.C.460－約B.C.370）

順便告訴大家，原子的英文叫Atom。

沒錯，這個字正是源自Atomos。

除此之外，還有一件事希望大家知道。

那就是無論是四元素說，還是留基伯與德謨克利特的原子論，都是**透過哲學性思考（推論）建立的理論**。

它們不是像現代這樣透過實驗和科學方法找出正確答案，而是透過反覆的思考和對話，所推理出來的想法。

在這個時期，**人類還沒建立做實驗取得數據，基於客觀證據來找出事物原理的求知方法**。

圖 1.4

古代　　　　　　　　現代

如同前面所述，後來西方世界有很長一段時間都相信亞里斯多德的四元素說。

在那個漫長的時代，當代的學者們以四元素說為基礎發展出煉金術。

提到煉金，大家腦中浮現的應該都是「變出黃金」的畫面吧。

這個詞總讓人有種金光閃閃的感覺呢。

然而，或許是因為在翻譯時加了一個「術」字，所以這個名詞也常給人一種江湖騙術的印象。

那麼，這種技術究竟是什麼樣的東西呢？

接下來，我們就要來聊聊煉金術。

西元前331年，埃及建立了一座名為亞歷山卓的城市。

儘管這座城市常被認為是煉金術的起源，但目前尚無確切定論。

繁盛發展的亞歷山卓，跟希臘的哲學結合，催生了煉金術的誕生。

隨後，煉金術一路傳到地中海地區、阿拉伯跟歐洲。

除此之外，中國和印度也獨立發展出屬於自己的煉金術。

直到17世紀為止，煉金術都盛行於世界各地。

煉金術一如其名，目標是要創造屬於貴金屬的黃金。

煉金術師認為可以用鐵、銅、鉛等常見且廉價的金屬來煉成黃金。

　　從現代化學的角度來看，鐵、銅、鉛、金都是不同的元素，即使加入藥劑或加熱，也不可能互相轉換。

　　現代化學的觀點如下圖所示。

　　我們知道物質其實是由非常微小的顆粒，亦即由原子聚集而成。

　　圖中的圓圈代表鐵、銅、金的原子。

　　圈內的Fe、Cu、Au是這3種元素的元素符號。

圖 1.5

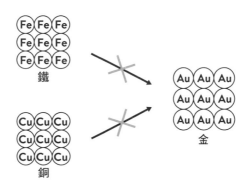

即使是在現代，也沒辦法把元素轉換成另一種元素嗎？

其實，我們已經知道名為「放射性元素」
這一類的元素可以轉變成其他種元素。
除此之外，藉由一種叫「粒子加速器」的特殊裝置，
也可以用已知的元素創造全新的元素

　　那麼為什麼煉金術師們會認為可以用常見金屬來煉成黃金呢？

這個想法，有很大一部分是受到先前提到的亞里斯多德提倡的四元素說所影響。

四元素說認為，不論是鉛還是黃金，世上所有物質都是由火、水、空氣、土這4種元素構成。

不論哪一種金屬都含有這4種元素，只是所含的比例不一樣而已。

而亞里斯多德認為，藉由改變某個元素的性質，就能將之轉換成另一種元素。

因此，只要改變這4種元素的比例，理論上就能把鉛或銅變成貴重的黃金。

圖 1.6

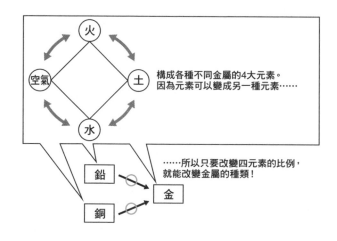

構成各種不同金屬的4大元素。
因為元素可以變成另一種元素……

……所以只要改變四元素的比例，
就能改變金屬的種類！

跟現代的認知不一樣呢！

其他像是中國也有自己的煉金術歷史，
自古以來就一直有人在研究
俗稱「煉丹術」的長生不老術喔

　　換句話說，煉金術是以亞里斯多德的理論為前提，為了用常見金屬創造貴重黃金而誕生的學問。

　　一如前述，這項技術始於西元前，並且直到17世紀為止都流行於世界各地。

　　為了創造黃金，而不斷地進行實驗，嘗試混合、加熱、蒸餾或過濾各種不同物質，但始終沒有看見任何成功的曙光。

　　到了17世紀，才總算出現「煉金術已經是窮途末路」的思潮。

當時努力想創造出能把鉛變成黃金的「賢者之石」，以及可使人不老不死的「煉金靈液（Elixir）」

但這都是想像出來的物質，實際上根本做不出來呢

　　順帶一提，此時期的歐洲在化學之外的領域，正值克卜勒提出天體運動規律、伽利略提出地動說、牛頓發現萬有引力的時代，人們的常識在短時間內有了大幅轉變（其實牛頓也很癡迷於煉金術）。

　　前所未有的革命性發現陸續問世，朝著現代科學的方向往前邁進了一大步。

　　好了，回到化學的話題。

　　不久後化學界也發生革命，往現代的常識跨進一大步。

　　在人們開始認知到煉金術極限的17世紀，愛爾蘭的**羅伯特・波以耳**為化學帶來了重大進展。

Robert Boyle
羅伯特・波以耳
（1627–1691）

高中化學會上到「波以耳定律」，他就是該定律的發現者。

這是一項跟氣體的壓力和體積有關的定律。

波以耳在壓縮空氣的實驗中發現，空氣的壓力跟體積存在反比關係。

也就是說，若對空氣施加2倍的壓力，其體積會變成原來的一半（2分之1）；施加3倍的壓力，體積會變成3分之1。

圖 1.7

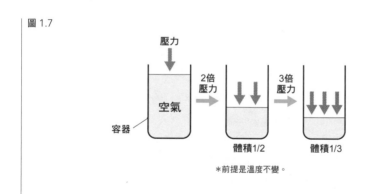

壓力

空氣

容器

2倍壓力

3倍壓力

體積1/2

體積1/3

＊前提是溫度不變。

他做了嚴謹的實驗，並且基於實驗的結果得出某種結論……這一點非常重要。

因為，這個過程就跟現代的研究方法完全一樣。

換言之，過去透過純粹哲學思考來建立知識的方法已經完全消失。

在這個潮流中，波以耳出版了《懷疑派化學家》（The Sceptical Chymist）一書。

這本書中，含有否定亞里斯多德四元素說的內容。

換句話說，波以耳否定了長久以來被視為基本常識的亞里斯多德四元素說。

四元素分別是火、水、空氣、土。大家還記得吧。

那麼，波以耳認為這世上的各種物體是由什麼組成的呢？

他的答案是「微粒子」。

所謂的「微粒子」，指的是微小的顆粒，也就是古代德謨克利特提倡的原子論之回歸（p.14）。

亦即現代所說的原子（p.10）。

波以耳確實朝現代化學邁進了一大步。

那麼，接下來我們將繼續加速朝著現代化學前進。

在波以耳的時代大約1個世紀後，**安東萬・拉瓦節**開始使用「定量化實驗」，使化學更加發展。

Antoine-Laurent de Lavoisier

安東萬・拉瓦節

（1743–1794）

所謂的「定量化實驗」，簡單來說，就是在實驗時仔細測量物質的體積和重量，取得量化的數據，並用取得的資料來分析事物原理。

波以耳在實驗時也有記錄氣體的壓力或體積等資料。

當然，現代的科學家也每天都在進行定量化實驗。

相對地，煉金術則認為實驗的成功與否主要依賴實驗者的精神狀態，存在主觀的層面。

另外，也相信實驗會受到月亮的盈虧和星辰的位置影響，從現代的角度來看，可以說這些統統毫無根據可言。

上述的種種觀念，都跟波以耳和拉瓦節基於客觀事實（量化資料）的實驗方法截然不同。

於是，透過近代化的化學實驗，拉瓦節發現並發表了多達33種不同的元素。

他將元素定義為「解析能抵達的終點」，亦即「無法用化學方法分解的物質」。

不同於四元素說，拉瓦節是在確實用實驗分析、分解物質後，才推導出「世間萬物是由什麼組成（＝元素是什麼）」的答案。

下面是拉瓦節在1789年發表的33種元素

光、熱、氧、氮、氫、硫、磷、碳、鹽酸根、氟酸根、硼酸根、銻、銀、砷、鉍、鈷、銅、錫、鐵、汞、錳、鉬、鎳、金、鉑、鉛、鎢、鋅、石灰、苦土、鋇氧、礬土、矽石

　　不過，此時拉瓦節所發表的元素中，還包含了石灰、苦土、鋇氧等實際上仍可繼續往下分解的物質（＝不是元素的物質）。

　　至於「光」和「熱」甚至根本不是物質，因此後世發現拉瓦節的元素表根本大錯特錯。

　　之後，在普魯斯特、道耳吞、給呂薩克、亞佛加厥等高中課本上登場的眾多學者們之努力下，人類才對原子有了深入的理解。

　　就這樣，篤信四元素說、鑽研煉金術的時代過去，進入了現代化學的時代。

　　這裡我們再彙整一遍歷史的發展。

　　煉金術建立在亞里斯多德的四元素說上，目的是將鐵或鉛等常見的金屬轉換成貴重的黃金。

　　後來人們逐漸發現煉金術的侷限，開始認為鐵、鉛以及黃金都是由無法繼續往下分解的微粒子——即原子組成，召回了古老的原子論。

　　隨後，人類漸漸接納了鐵由鐵原子組成，鉛由鉛原子組成，而黃金則由金原子組成的概念。

　　既然如此，這就代表不論做了多少次實驗，都不可能把鐵或是鉛轉換成黃金。

圖 1.8

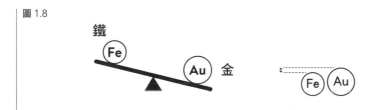

當時，科學家們認為不同種類的原子，
其質量和大小應該也不一樣。
研究者們做了許多實驗，
想試著定義原子的質量

在波以耳和拉瓦節登場後，亞里斯多德的四元素說和煉金術逐漸退出歷史的舞台。

但雖然煉金術如今已完全被推翻，但這門學問也有為現代化學留下了重要的貢獻。

以下，我們將介紹煉金術在歷史上的重要性。

煉金術師們為了實現點石成金的目標，尋找並且研究了世界上的各種物質。

多虧他們在此過程中所獲得的物質知識和實驗技術，才會有波以耳和拉瓦節後來的研究，並發展出現代化學。

為了研究煉金術，發展盛行的期間煉金術師們也發明出各式各樣的實驗器材和藥劑。

由此就可以明白煉金術的貢獻了。

例如，量杯、燒瓶、搗藥缽、漏斗、蒸餾裝置等實驗器材，都是源自煉金術。

而在藥劑方面，鹽酸、硫酸跟硝酸都是煉金術的代表性發明。

當然，直到現代仍然還在使用上述的器材和藥劑，相信絕大多數人在求學時都曾在理化教室看過或用過它們。

圖 1.9

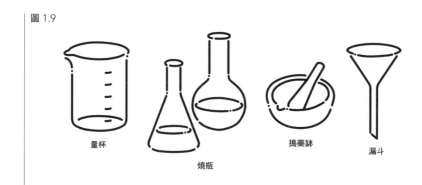

量杯　　燒瓶　　搗藥缽　　漏斗

化學的實驗器材和工具，
早在煉金術時代就有了呀！

　　順帶一提，據說「Chemistry（化學）」這個單字也是從單字「Alchemy（煉金術）」衍生出來的。

　　由此可見，煉金術在化學的發展史中扮演多麼重要的角色。

　　最後，讓我們稍微聊聊元素週期表的發明。

　　在19世紀後半，俄國科學家**德米特里・門得列夫**發表了最早的元素週期表。

Dmitrij Mendelejev

德米特里・門得列夫

（1834–1907）

　　門得列夫的週期表如次頁的插圖所示，將當時已知的60多種元素依照質量順序排列。

　　在這個時期，科學家們已知道如何用實驗計算出各種原子的質量。

　　科學家以氫（H＝1）和氧（O＝16）為基準，計算出原子各自的相對

質量。

這便是常會說到的「**原子量**」。

順帶一提，現代則改用碳元素當基準。

圖 1.10

	H=1						
Li=7	Be=9.4	B=11	C=12	N=17	O=16	F=19	
Na=23	Mg=24	Al=27.3	Si=28	P=31	S=32	Cl=35.5	
K=39	Ca=40	－ (*1) =44	Ti=50?	V=51	Cr=52	Mn=55	Fe=56 Co=59 Ni=59 Cu=63
(Cu=63)	Zn=65	－ (*2) =68	－ (*3) =72	Ag=75	Se=78	Br=80	
Rb=85	Sr=87	(Yt=88?)	Zr=90	Nb=94	Mo=96	－=100	Ru=104 Rh=104 Pd=104 Ag=108
(Ag=108)	Cd=112	In=113	Sn=118	Sb=122	Te=128?	J=127	
Cs=133	Ba=137	－=137	Ce=138?	－			
－	－	－	－	Ta=182	W=184	－	Os=199? Ir=198? Pt=197? Au=197
(Au=197)	Hg=200	Tl=204	Pb=207	Bi=208	Ur=240		
－	－	－	Th=232				

*門得列夫在1870年製作的週期表（參考《門得列夫發現週期律》（1997）製作）。
*圖中數字代表原子量（相對質量）。

跟現在的週期表不一樣……！

是啊。其中還有現在未使用的元素符號（J、Yt、Ur）喔。而且原子量也不正確

從表中大量的留空（－）和括號，以及寫著「？」的部分，可以看出這張表還沒有完成。

這裡我們講解一下留空的部分。

門得列夫將元素按原子量排列後，又試著把性質相似的元素放到同一

組別，結果發現多出了許多空位。

他預測這些空位代表了仍未發現的元素。

在後來研究者們找到了鈧（Sc）、鎵（Ga）、鍺（Ge）3種元素，並發現它們剛好可以填入留空中＊1、＊2、＊3的位置。

完全符合門得列夫的預測。

除了門得列夫之外，也有其他人嘗試將元素分類、製表，但只有門得列夫在元素表上留空，並預測到未知元素的存在，因此受到最大的讚譽和關注。

這張表後來隨著時間繼續發展，就演變成現在多達118種元素符號的週期表（p.10）。

順帶一提，現代的週期表是按原子序排列的。

原子序指的是組成原子的「**質子**」這種粒子的數量。

換言之，現在已經得知原子其實還可以再分解成更小的粒子了。

原來原子並不是無法繼續
往下分解啊！

是啊。
另外「電子」也是
組成原子的粒子之一，
以後還會出現很多次喔

至此，我們從古希臘時代出發，一路講解到最早的元素週期表問世，快速回顧了化學的誕生。

從下一節開始，我們將以空氣和水等身邊的物質為例，一起複習化學的基礎！

2　認識我們身邊的原子

　　在前一節，我們依循歷史的脈絡，講解了「世間萬物皆由各種不同原子所組成」的觀念是如何誕生的。

　　本節，我們將回到現代，溫習化學的基礎知識！

　　首先要說明的，是原子以何種型態存在於我們的周圍。

　　就以我們身邊常見的東西為例，使用隨時存在於人們周圍的「空氣」來說明吧。

　　雖然空氣無法被肉眼看見，但我們知道它是由多種成分組成的。

　　下面的圓餅圖代表了空氣中各種成分的比例（體積百分比）。

圖 1.11

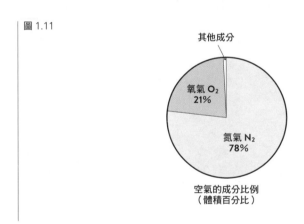

其他成分

氧氣 O_2
21%

氮氣 N_2
78%

空氣的成分比例
（體積百分比）

　　如你所見，空氣主要由氮氣和氧氣組成。

　　氮氣約占80％，而我們呼吸時會利用到的氧氣，意外地只占了20％左右而已。

　　氮氣和氧氣分別寫成N_2和O_2。

這是因為空氣中的氮氣是由2個氮原子結合而成，而氧氣也是由2個氧原子組成。

這種由多個原子結合而成的存在，稱為「**分子**」。

地球上只以1個原子的形式單獨存在的物質非常稀少，基本上都是以多個原子結合在一起的狀態存在。

而2個原子結合在一起的狀態，通常會畫成下面的模式。

圖中的圓圈代表氮和氧的原子。

圖 1.12

通常，當2個東西組成1個東西時，我們會用「結合」這個動詞來描述它。

而在化學的世界也一樣，當2個原子黏在一起，就稱之為「**結合**」。

2個氮原子結合，就形成了氮氣分子。

氧原子也一樣。

氮的元素符號是N，氧的元素符號是O。

氮氣分子是由2個N結合而成，所以寫成N_2；氧氣分子由2個O結合而成，所以寫成O_2。

這就是俗稱的**化學式**。

我們習慣在元素符號的右下角加一個小數字來表示分子。

換言之，雖然空氣中看似什麼也沒有，但裡面其實飄著許多可以用化學式表示的小分子。

那麼，我們再來看一遍空氣中的分子吧。

如剛剛的圓餅圖所示，空氣的成分幾乎都是氮氣分子和氧氣分子。

仔細一看，裡面還有少許「其他成分」的存在。

而這當中就包含了「二氧化碳」。

人類在呼吸的時候，會吸入氧氣，然後吐出二氧化碳。

這個二氧化碳是由1個碳原子和2個氧原子結合而成的分子。

因為碳原子的元素符號是C，所以二氧化碳就寫成CO_2。

圖 1.13

包含上述的分子在內，自然界存在著各種各樣的分子。

剛剛我們也曾說過，在地球上幾乎不存在只以單獨1個原子狀態存在的物質。

然而，其實空氣中就包含了1種只以1個原子的狀態存在的東西。

元素符號是Ar的「氬」，平常就是只以1個原子的狀態存在。

而氬氣也同樣屬於空氣的「其他成分」。

由於氬只要1個原子就能當成分子，所以又叫「**單原子分子**」。

順帶一提，氦氣球中的氦（He）和霓虹燈中的氖（Ne）也都是單原子分子喔。

圖 1.14

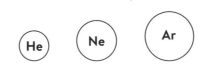

也有不跟其他原子
結合的元素呢

這些元素都沒有記載在
門得列夫的週期表上喔（p.26）。
因為當時它們還未被發現

以上，我們介紹了空氣中所含的分子。

接下來，我們再繼續看看其他存在於我們周遭的分子吧。

絕對不可以忘記的重要分子，就是水分子。

水是維持生命不可或缺的東西。

而空氣中當然也含有水分子。

不過，空氣中的水分子會不斷變化，所以不被歸類在圓餅圖上。

畢竟空氣的濕度會隨著地區和天氣而變化對吧。

所以先前的圓餅圖，正確來說應該是排除水分子之後的「乾燥空氣」成分比例。

下面展示的是水分子的結構。

圖 1.15

H_2O

水是由1個氧原子和2個氫原子結合而成的分子。

因為是2個H和1個O，所以寫成H_2O。

平時大家所喝下肚的飲用水、冰箱冷藏庫裡的冰塊，以及空氣中的水蒸氣，都是由大量的H_2O所組成的。

圖 1.16

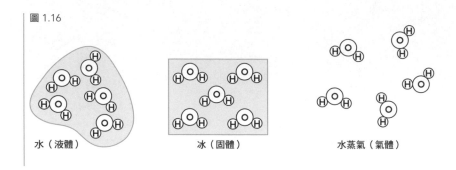

水（液體）　　　　　　冰（固體）　　　　　　水蒸氣（氣體）

除此之外，我們身邊還有很多很多的分子。

比如酒類中的「乙醇」（也就是俗稱的酒精）、醋中的「醋酸」、液化石油氣的成分「丙烷」等等，它們的化學結構分別如下。

圖 1.17

乙醇　　　　　　　醋酸　　　　　　　　丙烷

由此可見，氫、氧以及碳的原子，存在著許多不同的結合方式。

另外，還有一種表示方式不會使用圓圈，而是像次頁那樣用元素符號和連接原子的線來表示。

這條線意謂原子間結合在一起。

這種畫法才是比較普遍的用法。

後續的內容多以這樣的方式呈現，請大家把這個表示法記起來吧。

圖 1.18

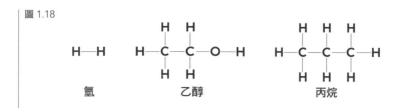

氫　　　　　　乙醇　　　　　　　丙烷

3　化學反應的基礎

接著，我們繼續複習化學的其他基礎知識。

本節要講解的是「**化學反應**」。

事不宜遲，馬上來看看化學反應的例子吧。

比如用點燃的火柴靠近氫氣，氫氣會發出爆響並燃燒。

有些人可能有在理化課上做過這個實驗。

這就是氫跟空氣中的氧起反應，形成水（水蒸氣）的化學反應。

如同在前一節學過的，氧元素平時是以氧氣分子O_2的型態飄浮在空氣中。

而氫氣H_2則是由2個氫原子H結合而成。

在氫氣燃燒的化學反應中，2個H_2會跟1個O_2發生反應。

反應後就變成了2個水分子H_2O。

圖 1.19

在這個過程中，H_2和O_2改變了結合的方式，變化成了H_2O。

氫氣分子和氧氣分子誕生了水分子。

這樣的化學反應，就是某個物質發生變化，變成性質迥異的另外一種物質。

接著，讓我們用「**化學反應式**」來表達這個化學反應。

化學反應式是化學中常用的式子，我們簡單複習一下。

$$2H_2 + O_2 \rightarrow 2H_2O$$

箭頭左邊代表化學反應前的分子，右邊是化學反應後的分子。

還有，H_2和H_2O的前面是不是有寫著一個數字2？

這個數字代表反應過程使用了2個氫氣分子，然後形成了2個水分子的意思。

只有使用到1個的氧氣分子（O_2），所以化學反應式中O前面的數字1則省略不寫。

這便是化學反應式的其中一例。

以上，我們在這一節簡單講解了化學反應。

本書還會陸續提到很多透過化學反應產生新物質的故事，敬請期待。

4　　**離子與金屬**

至此，我們複習了原子、分子以及化學反應的知識。

在1-2節，我們介紹了空氣中的氮氣和氧氣、酒類的乙醇以及食醋中的醋酸等物質（p.28）。

它們都是由多個原子結合而成的分子。

另一方面，這世上也存在幾種不形成分子的物質。

在這一節，我們將介紹這一類的物質。

那麼事不宜遲，馬上來看看這種物質都有著什麼樣的結構吧。

不形成分子的代表性物質之一，就是調味料的鹽。

鹽在化學上的表示法是NaCl。

其中的「Na」是「鈉」，「Cl」是「氯」的意思。

當然，這2種元素都能在週期表上找到（p.11）。

NaCl的結構如下面這樣。

圖中用球體來代表Na和Cl。

從圖中可見，Na和Cl是以1：1的比例規律排列。

實際上，這種排列會朝四面八方無限延伸，而這張圖只是取其中的一小部分。

圖 1.20

Na⁺

Cl⁻

鹽的結晶（一部分）

如果畫成斷面圖的話，NaCl長得就像次頁的圖所示。

可以看出Na和Cl是彼此交錯排列的對吧。

圖 1.21

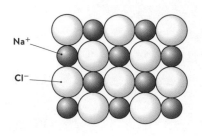

Na⁺

Cl⁻

NaCl會朝縱向和橫向，
以及前方和後方一直
排列下去喔

鹽的結晶，跟可以獨立存在的分子長得不太一樣。

讓我們稍微深入探索其中的祕密吧。

仔細觀察剛才的圖，你應該會發現圖中的Na和Cl其實是寫著「Na⁺」
和「Cl⁻」。

元素符號的右上角多了正或負的記號對不對？

這個記號的意思，是指它**帶有正電荷或負電荷**。

鈉具有較易帶正電荷的性質；而氯具有較易帶負電荷的性質。

這種帶有正電荷或負電荷的粒子，就叫作「**離子**」。

「Na⁺」叫「鈉離子」，而「Cl⁻」叫「氯離子」。

也就是說，鹽的結晶是由帶正電的鈉離子，跟帶負電的氯離子，在靜
電力作用之下結合而成的。

因為結合的主因是**靜電力互相吸引**，所以NaCl可以規律地無限連結
延伸，形成跟先前介紹的分子截然不同的構造。

那麼，繼續回到NaCl的話題。

由於NaCl在化學上具有一些很重要的現象，因此在下面的內容我會
詳加說明。

雖然NaCl的排列方式非常整齊，然而只要丟入水裡，這個結構就會輕易地分崩離析。

這就是我們平常說的「鹽可以溶於水」的意思。

圖 1.22

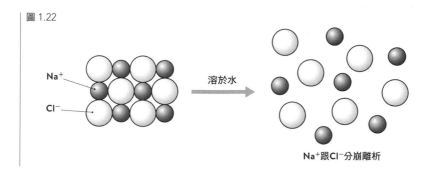

Na⁺

Cl⁻

溶於水

Na⁺跟Cl⁻分崩離析

這個現象也跟正電荷和負電荷有關。

這裡我們從頭思考一下水是如何溶解食鹽的。

下面我們再重新畫一次H_2O的結構圖。

圖 1.23

水分子 H_2O

這是由1個氧原子和2個氫原子結合而成的構造，還記得嗎（p.31）？

H_2O的化學式右上角既沒有寫著正號也沒有負號，所以它當然不是離子之一。

然而，氫原子和氧原子其實也稍微帶有一點點電荷。

遇到這種情況時，在化學上會使用代表「些許」的 δ（Delta）符號，寫成 δ＋或 δ－。

圖 1.24

如圖所示，氧原子的性質容易帶正電，而氫原子則容易帶負電。

順帶一提，一個原子究竟容易帶正電還是容易帶負電，會因原子的種類而異。

易帶正電的原子………氫H、鈉Na
易帶負電的原子………氧O、氮N、氯Cl
兩者都不帶的原子……碳C

原來也有像碳（C）這種
什麼電都不帶的原子啊！

鹽溶於水的狀態，詳細畫出來就如下圖所示。

圖 1.25

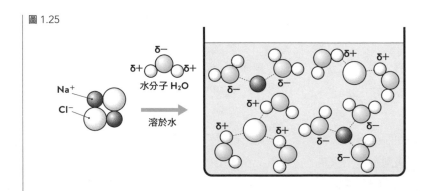

由圖可見，鈉離子（Na^+，帶正電）會跟H_2O的O（$\delta -$）互相吸引，而氯離子（Cl^-，帶負電）會跟H_2O的H（$\delta +$）互相吸引。

在此作用下，NaCl便輕易地分崩離析，在水中溶解。

在化學的領域之中，正電荷和負電荷的關係非常重要，請各位務必要記起來。

接著，下面我們再詳細說明一下離子的部分。

要討論離子，就一定得提到「**電子**」。

那所謂的「電子」，究竟又是什麼東西呢？

首先，讓我們引入電子的概念，重新檢視看看鈉離子（Na^+）到底是什麼。

事實上，Na^+就是Na失去1個電子而形成的東西。

用化學式表達的話，就是下面這樣。

$$Na \rightarrow Na^+ + e^-$$

這裡的「e^-」就代表電子。

電子是**一種帶負電荷，體積非常小的顆粒**（粒子）。

當然Na^+也很小，但電子又比Na^+要小得多。

來數數式子右邊的正電荷和負電荷，會發現Na^+的＋1和e^-的－1相加正好等於0。

由於式子左邊的Na不帶任何電性（非正非負，等於0），所以式子的左邊和右邊的電荷量相等。

相反地，Cl^-（氯離子）是Cl得到1個電子而形成的東西。

它的化學式表達如下。

$$Cl + e^- \rightarrow Cl^-$$

這次式子的左邊和右邊都是負1，同樣達成平衡。

由此可見，當我們在思考離子的時候，一定得將電子的存在一起考慮進去。

前面我們說過，Na容易帶正電荷，而Cl容易帶負電荷。

如果把電子的存在也考慮進來，這句話的意思就是Na比較容易放出電子，變成帶正電；而Cl比較容易吸收電子，變成帶負電。

電子在未來還會登場很多次，請務必記著它的存在。

除了食鹽以外，我們的身邊還有很多物質，是由其他不形成分子的東西所組成的。

比如鐵（Fe）、銅（Cu）、金（Au）等**金屬**，它們基本上也不會形成分子。

這裡以鐵為例，下圖是鐵的結構。

鐵原子的排列就像NaCl一樣很有規律對吧。

當然，實際上鐵原子可以朝四面八方無限連接下去，本圖只是取一小部分的示意。

可以看出，鐵的結構跟獨立存在的分子有著些許差異。

不僅如此，電子還可以在鐵原子之間自由地移動。

圖 1.26

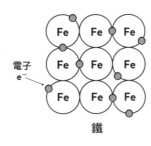

電子
e⁻

鐵

跟NaCl的時候又不一樣耶……！

因為電子可以自由移動，
將原子連接在一起。
銅和金也有相同的結構喔

　　一如前面所述，電子帶有負電荷。

　　如果把這張圖畫得更詳細，那麼原子的中心部分應該要加上正電荷，而電子則是負電荷，變成如下的模式圖。

圖 1.27

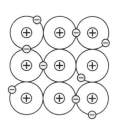

　　金屬具有「容易導電的性質」，正是跟電子可以自由地移動這點大有關係。

　　事實上，電的流動這件事，本質上就是電子這種帶電粒子的移動！

　　比如對金屬施加電壓（連上電池），金屬內可以自由移動的電子便會朝特定的方向移動，產生電流。

　　其狀態如次頁的圖所示。

圖 1.28

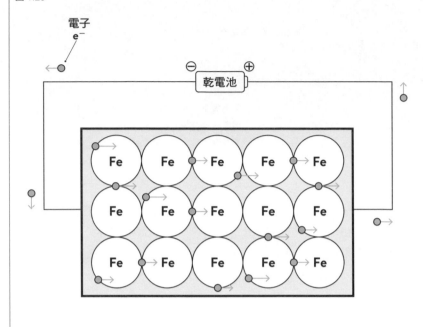

還有，金屬之所以會充滿光澤，也跟電子有關。

金屬的光澤，其實是外部光線被自由移動的電子反射而造成的喔。

至此，Chapter 1的內容就全部結束了。

本章我們先講解了古希臘哲學到門得列夫週期表的歷史，接著又概略介紹了現代化學的基礎知識。

感覺怎麼樣呢？

大家腦中的化學世界有沒有變得更寬廣了呢？

從下一章開始，終於要正式進入諾貝爾獎的主題！

原子、分子、離子、金屬以及電子正是化學世界的主角，如果遇到不懂的地方，請記得隨時回到本章複習喔。

2

合成氨，
解救糧食危機
哈伯-博施法

1918年諾貝爾化學獎

得 獎 者　佛列茲・哈伯

得獎原因　成功（用氮、氫）合成氨

1931年諾貝爾化學獎

得 獎 者　卡爾・博施、弗里德里希・貝吉烏斯

得獎原因　發明與發展化學高壓方法

1　對肥料的需求

歷史上，人類利用化學反應製造出各式各樣的東西。

本節將介紹其中最具革命性的一種反應。

那是距今超過100年，發生於1900年前後的故事。

而這則故事的主角，則是一個化學反應，它被用來生產一種名為「**氨**」的分子。

氨的化學式是「NH_3」。

相信很多人唸書時都曾在理化實驗課上接觸過這種物質。

還有，大家應該或多或少有聽過尿液中含有氨的說法吧？

實際上，儘管含有的量非常少（0.04%），但在尿液之中的確含有少量的氨。

在剛進入20世紀的那段時期，曾有非常多的學者在研究怎麼樣才能大量生產出氨。

為什麼要量產氨呢？

以下將說明箇中理由。

在18世紀始於英國的工業革命發生後，全球人口急速上升。

因此，人們開始擔心糧食不足，為解決這個隱患，就必須大幅增加農作物產量。

然後在1898年，英國的**威廉・克魯克斯爵士**（1832-1919）站出來呼籲科學界運用化學的力量來解決糧食不足的問題。

要提高農作物產量，就需要讓土壤含有更多的肥料。

而肥料的成分中最重要的，是含有氮原子（N）的物質（另外含磷〔P〕和含鉀〔K〕的物質也很重要）。

在那個時候，人們主要使用產自秘魯欽查群島的「海鳥糞」，以及開

採自智利北部沙漠的「鈉硝石」來當作含氮肥料。

海鳥糞是由鳥的糞便和屍體經過長時間風化而形成的肥料。

尿素「NH_2CONH_2」這種分子含有豐富的氨「NH_3」。

鈉硝石的主成分是一種叫硝酸鈉「$NaNO_3$」的物質。

以上這3種成分，化學式中確實都包含了代表氮原子的N。

當時的歐洲長期從海外進口海鳥糞和鈉硝石，並且將它們當成肥料加以利用。

然而，這些從自然界開採的肥料是有限的，在那時已漸漸面臨開採殆盡的窘境。

因此，各國迫切需要找到其他能大量生產的肥料代替品。

於是研究者們便嘗試用化學的力量人工合成氨，再使其發生化學反應，轉換成肥料。

只要活用化學反應，就有可能將氨這種簡單的分子轉換成各種各樣的肥料。

圖 2.1

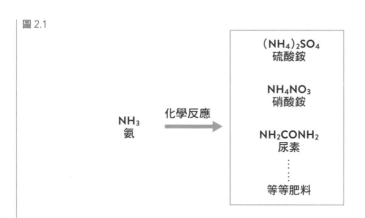

45

為了大量取得肥料，
首先必須要能
先大量生產氨呢！

一點也沒錯。
其實氨本身也能當肥料，
但因為它在常溫下是氣體分子，
必須使用複雜的技術才能混入泥土

2　用化學反應製氨

那麼，想要人工製造氨（NH_3），需要使用哪些原料呢？

首先我們從NH_3這個化學式可以看出來，製造的材料一定得要有氮原子和氫原子。

我們先聊聊氮原子的供應來源。

於前面登場過的克魯克斯爵士便暗示可以使用空氣中的氮氣分子（N_2）作為供應源。

空氣的成分我們已經在1-2節介紹過了（p.28）。

其成分約有80%是N_2，存量非常豐富。

那麼氫原子的來源又要從哪裡找呢？

可以想到的其中一個方案，就是水（H_2O）。

從H_2O中去除掉不需要的氧氣，就可以生產出氫氣分子（H_2）。

也就是說，最理想的方法是找出一種化學反應，可以用N_2和H_2當原料，製造出NH_3。

而這個過程寫成化學反應式就像下面這樣。

$$N_2 + 3H_2 \rightarrow 2NH_3$$

首先來複習一下化學反應式。

反應式的左側，代表氮氣分子N_2與氫氣分子H_2反應。

換言之，是化學反應發生之前的狀態。

而反應式的右側則是化學反應後的狀態，亦即產生NH_3分子。

接著，我們來檢查一下，在反應式的左側和右側出現的各種原子數量是否相符。

氮原子的部分，左邊的N_2有2個氮原子，右邊有2個NH_3，所以氮原子也是2個。

氫原子的部分，左邊的H_2有2個氫原子，而3個H_2一共有6個，右邊則有2個NH_3，一共也是6個。

看來原子的數量是相等的。

化學反應用寫的很簡單，但實際上要讓N_2發生反應卻很困難。

因為N_2的2個N結合得非常緊密與穩定，要切斷它們之間的這個化學鍵非常困難。

已知N_2的2個N之間的鍵結一共有3條，其結構詳細的表示方法如下面的圖。

圖 2.2

$$N \equiv N$$

因為必須切斷3條鍵結，所以N_2的結合力才這麼強。

有多強呢？打個比方，若要切斷N_2的化學鍵，必須放電來給予大量的能量。

但這麼做的成本很高，不適合用於工業生產。

另一方面，氫氣（H_2）的化學結構是 H－H。

因為鍵結只有1條，所以要分開它們遠比氮氣分子還要簡單得多。

所以要實現這個化學反應，關鍵就在於如何聰明地拆開擁有3條鍵結的 N_2。

而最後解決了這個問題的人，是卡爾斯魯爾理工學院的**佛列茲・哈伯教授**，跟巴斯夫公司的**卡爾・博施博士**。

兩人都是德國科學家，並在成功生產氨後得到諾貝爾化學獎。

Fritz Haber
佛列茲・哈伯
（1868－1934）

Carl Bosch
卡爾・博施
（1874－1940）

哈伯教授跟他的助手羅伯特・勒・羅西格諾教授，以及當時正好在德國留學的田丸節郎研究員（之後成為東京工業大學教授）等人一起在大學做了各種實驗，慢慢累積成果。

然後在1908年時，他們終於確立了用氮和氫製造氨的化學反應。

哈伯教授的團隊發現只要加入一種叫「鐵」的金屬，就能催化這個反應。

而這種能促進化學反應進行的物質被稱作「**催化劑**」。

圖 2.3

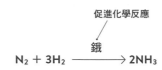

$$N_2 + 3H_2 \xrightarrow{\quad 鐵 \quad} 2NH_3$$

促進化學反應

鋨的元素符號是「Os」

　　順帶一提，這個化學反應進行時溫度約需500℃，壓力則大約是大氣壓力的200倍。

　　可以看出即使利用催化劑來促進化學反應，仍需要相當嚴格的條件。

　　所以說要分解氮氣分子真的是非常麻煩呢。

3　氨的大量生產

　　就這樣，哈伯教授的團隊證明了用氮氣和氫氣製氨是可行的。

　　但雖然證明了，可是大學實驗室的實驗設備相當有限，只能製造出少量的氨。

　　要製造出數量足夠供應肥料使用的氨，就必須在工廠大量生產。

　　儘管化學反應完全相同，但光是放大規模就是一件非常棘手的事。

　　就像煮菜一樣，替一個小家庭做飯，跟替一場慶典準備好幾百人份的大量料理，感覺是不是完全不能相提並論呢？

要一次做好幾百人份的大量料理，必須去思考要用多大的鍋子？用多少時間和多大的火力加熱？怎麼樣攪拌混合烹調的食材？以及怎麼樣一次買到大量便宜的食材……等等，必須要納入考量的東西遠比替小家庭做飯要多上許多。

　　同理，在進行化學反應時，有時僅僅只是放大規模，就必須用到跟實驗室完全不同的設備、知識以及技術。

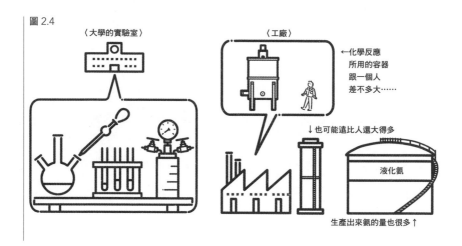

圖 2.4

〈大學的實驗室〉

〈工廠〉

←化學反應
所用的容器
跟一個人
差不多大……

↓也可能遠比人還大得多

液化氨

生產出來氨的量也很多↑

　　如同前面所述，人工製氨需要相當高的溫度，以及相當高的壓力。

　　再次用煮菜比喻的話，這就像操作一個非常巨大的壓力鍋。

　　如此一來應該就能想像其中的危險性了吧。

　　還有，被哈伯當成催化劑使用的鐵，其實是一種很昂貴的金屬。

　　因此量產時若用鐵金屬當催化劑，成本會變得太過昂貴，必須找到更廉價的代替品才行。

　　換言之要實現量產，必須先解決2個大問題：如何把化學反應的規模放大到可以在工廠運作的程度，以及如何降低催化劑成本。

　　而第一個成功實現工業化產製氨的人，就是巴斯夫公司的化學家博施博士。

　　由於氨的合成需要非常高的溫度和壓力，所以要在工廠生產，就需要一個體積巨大並且堅固的反應容器（進行化學反應用的容器）。

　　此外，還需要一個用來將容器內部加熱到高溫的機器，以及用於製造高壓環境的壓縮機。

　　另外，由於剛生產出來的氨是氣態，必須先冷卻成液態才能取出，所以還必須準備可以冷卻大量氨氣的機器。

　　而博施博士不只是研究化學而已，他還擁有豐富的機械知識與技術。

　　他在學生時代曾學習過2年的機械工程學，後來才改讀化學。

　　為了實驗氨的工業化合成，他用了各種不同的機器和設備進行實驗。

　　實際動手實驗後，雖然過程中也曾遭遇金屬製的反應容器爆炸的失敗，但博施博士也有豐富的金屬知識和技術。

　　據說他曾在金屬加工公司受過職業訓練。

　　或許是因為這個經歷，他最後成功修改了反應容器的設計，將問題解決了。

　　就這樣經過反覆的嘗試和挫折，人類終於找到能在工廠生產氨的製作方法了。

　　至於另一個難題，也就是如何找到更便宜的催化劑這點，則是由同為巴斯夫公司的化學家阿爾文・米塔施（Alwin Mittasch）博士找到了解決的方案。

　　他做了非常多次的實驗，想知道有沒有除了鐵之外的其他物質，也可以當成催化劑使用。

　　結果，他發現在反應過程中加入一種被稱為氧化鐵、化學式為「Fe_3O_4」的物質，目標的化學反應效率可以有顯著的提高。

　　而且氧化鐵不只比鐵更便宜，當催化劑的效果也更優秀。

圖 2.5

$$N_2 + 3H_2 \xrightarrow{\text{氧化鐵}} 2NH_3$$

非常多次的實驗……
實際上到底做了
多少次的實驗呢?

據說為了找出合適的催化劑,
米塔施做了近2萬次實驗喔!

另外,我們還需要大量提煉製氨的原料氮氣(N_2)和氫氣(H_2)。

N_2可以從空氣中大量取得,但要取得H_2就麻煩許多。

要取得H_2,最簡單的方法是電解水(H_2O)。

但很可惜,這個方法無法大量生產H_2。

所以最後博施博士的團隊則是建立了用H_2O以及煤炭來大量生產出H_2的方法。

煤炭是當時經常使用的植物性化石燃料(其化學結構非常複雜,故在此略過)。

然後在1913年,人類終於成功實現了製氨的工業化,能夠大量生產氨了!

4　催化劑的原理

那麼,本節我們進一步來聊聊「催化劑」。

先前說過,催化劑有「促進化學反應的作用」。

那麼，在氮氣和氫氣產生氨的化學反應中，催化劑是怎麼運作的呢？
下圖是這個反應的大致流程。

圖 2.6

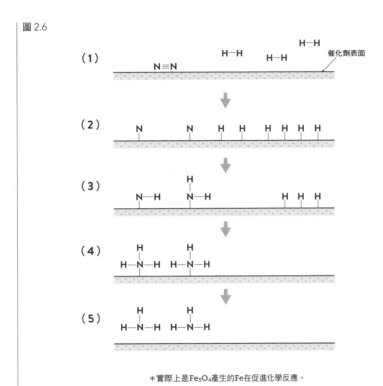

＊實際上是Fe_5O_4產生的Fe在促進化學反應。

那麼，以下我們依序說明。

（1）是N_2和H_2靠近催化劑表面的狀態。

然後在（2）中，N_2以及H_2會以原子的型態（N、H）緊緊貼在催化劑表面。

於是N≡N的化學鍵和H－H的化學鍵就這麼被切斷了。

這裡的關鍵是原本強力相連的N_2鍵結（N≡N）會在這一連串過程中被切斷。

在（3）和（4）中，氮原子（N）和氫原子（H）會形成化學鍵。

到這一步已經漸漸有氨（NH_3）的雛形了呢。

而在最後的（5）中，N的部分會從催化劑表面脫落，生成NH_3。

順帶一提，若更詳細說明（1）～（2）的階段，則（1）N_2首先會以分子的狀態（N_2）黏在催化劑表面，到（2）才變成原子的狀態（N）。

另一方面，H_2是直接以原子的型態（H）黏在催化劑表面。

原來催化劑是在幫助
化學反應進行啊

直到1900年代後半，科學家才終於弄清楚其中的機制。
而解開這個機制的人是
德國科學家格哈德・埃特爾教授，
他在2007年獲頒諾貝爾化學獎

在這裡，我們深入探討一下這項反應中的主要難題，也就是切斷N_2鍵結（$N{\equiv}N$）的部分。

以下是在（1）～（2）中切斷化學鍵時，所用之能量的具體數值。

原本，要切斷$N{\equiv}N$的鍵結，需要226 kcal/mol的能量。

而使用催化劑的話，只需要5 kcal/mol的能量就能切斷這個化學鍵。

上面我們用到了「kcal/mol」這個看似很複雜的單位。

「kcal」讀作「千卡」，是能量的單位。

平時有在管理飲食和運動的讀者，在計算能量時應該都是使用這個單位才對。

「mol」讀作「莫耳」，是$6.02{\times}10^{23}$個原子或分子的意思。

沒錯，就是大家在高中化學課上學過的那個「莫耳」。

10^{23}是10相乘23次的意思，是一個非常巨大的數字

由於單獨的原子和分子實在太小，又或者說太輕，所以化學家習慣將

它們以6.02×10^{23}個為單位來思考。

　　至於為什麼是6.02×10^{23}個，這跟科學家以碳原子當作原子相對質量的基準有關（詳細原因略過不談）。

　　換句話說，226 kcal/mol和5 kcal/mol所指的，就是每切斷6.02×10^{23}個N_2的化學鍵結（$N \equiv N$）所需要的必要能量。

　　總而言之，這裡想告訴大家的是，在加入催化劑後，切斷化學鍵所需的能量可以減少至大約原來的45分之1（$226 \div 5 = 45.2$）。

　　因為N_2是以黏在催化劑表面上的狀態被切斷，所以會比沒有催化劑時更容易分開。

　　這樣大家就明白為什麼催化劑可以促進化學反應了吧。

　　N_2在被拆成單獨的原子後，化學反應依然可以順利地在催化劑表面上進行（如（3）～（5））。

　　就像這樣，人類發現了具有促進化學反應效用，而且價格又便宜低廉的氧化鐵。

催化劑的成分其實不只有Fe_3O_4，
還含有Al_2O_3（氧化鋁）、K_2O（氧化鉀）、
CaO（氧化鈣）等等

Al_2O_3和K_2O也有什麼用途嗎？

實驗發現，混入這幾種成分，
可以合成出更多的氨喔

5　化解糧食危機的哈伯-博施法

就這樣，人類找到了大量生產氨的方法。

在1918年時，氨的全年產量還只有20萬公噸；而到現代，每年約有1億4000萬公噸的氨是用人工合成的方式生產。

這種製氨方法，也用哈伯教授和博施博士兩人的姓氏，被命名為「**哈伯-博施法**」。

另外，最近在業界也開始使用加入名為釕（元素符號是Ru）的元素所改良的催化劑。

這種催化劑可以用更低的溫度和更低的壓力進行反應，而且催化效果更是氧化鐵的20倍左右。

時至今日，化學家依然在研究更優秀的催化劑。

總結來說，如今人類可以用從空氣中提煉的氮氣來產生氨，並把氨轉換成肥料。

而有了這些肥料，就能種植出更多的農作物。

在以哈伯教授和博施博士為首的研究者們努力下，人類才成功解決了糧食危機。

圖 2.7

N_2 ➡ NH_3 ➡ 肥料 ➡ 作物

哈伯-博施法直到現在
依然在使用喔

它已經是現代的糧食供給
不可獲缺的存在了呢！

其實，氨同時也是火藥的原料。
所以這項發明在某層面上也推動了軍事兵器的生產

Chapter

3

輕鬆結合
分子與分子
鈴木-宮浦偶合反應

2010年諾貝爾化學獎

得獎者

理察・赫克

根岸英一

鈴木 章

得獎原因

對有機合成中鈀催化偶合反應的研究

1 常見又有用的分子成分：苯環

除了前一章的氨，歷史上的研究者們還利用化學反應創造了許多有用的東西。

比如下面將會介紹幾種我們生活中的產品，這些產品其中都使用了各種不同結構的分子。

跟前面介紹過的分子相比，這些分子的結構相當複雜。

它們不僅使用了非常多原子，還包含了本書中首次登場的「六角形」結構。

圖 3.1

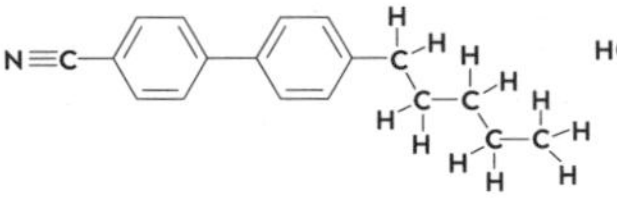

5CB（液晶顯示器的材料）

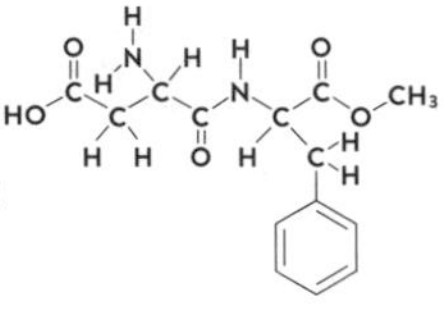

阿斯巴甜（人工甜味劑）

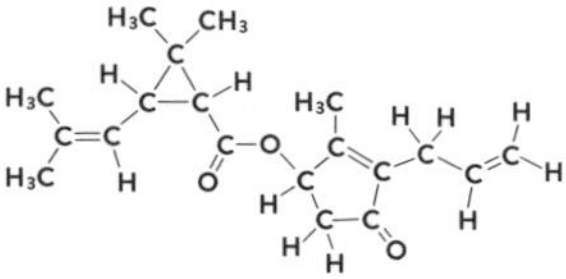

亞烈寧（農藥、防蟲劑）

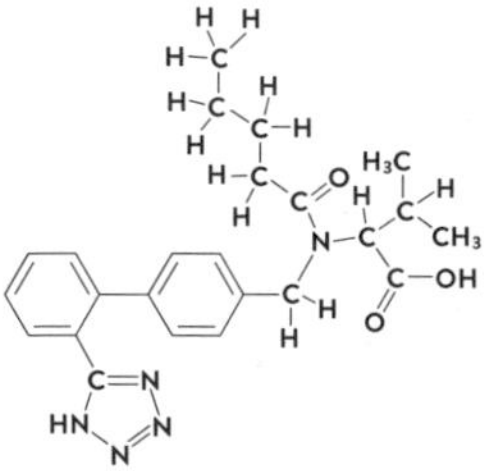

纈沙坦（降血壓藥）

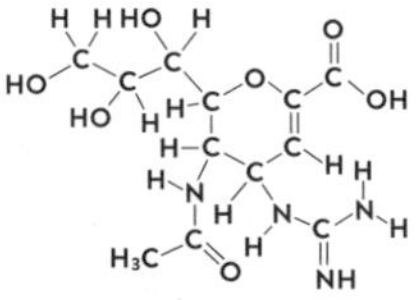

瑞樂沙旋達碟（抗流感病毒的藥物）

＊為避免太繁雜而省略了一部分化學鍵的線。

60

這個六角形的部分便是本章的重點，是一個相當重要也很有名的結構，稱為「**苯環**」。

相信很多讀者都曾在市售的成藥、生髮劑、精油等產品包裝上看過這個圖案吧。

前面所畫的苯環是經過簡化的圖形。

接著就讓我們單獨拿出苯環的部分，看看它的詳細構造吧。

如果只取出這部分，一般會用C_6H_6的化學式來表達，也就是「苯」的意思。

苯是一種在常溫下為液態、無色透明的分子。

圖 3.2

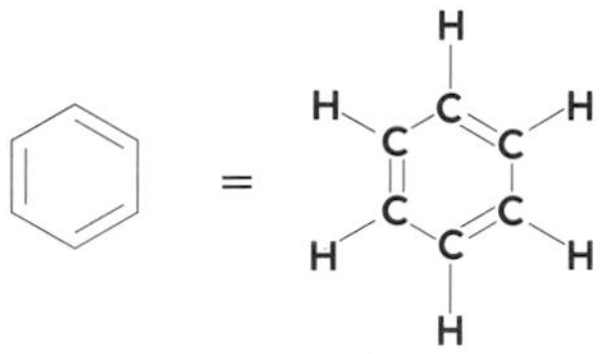

苯 C_6H_6（分子）

如上圖所見，苯的6個頂點各有1個碳原子（C），且每個碳原子都跟1個氫原子（H）結合。

就像下面的例子，當苯跟其他結構連結時，連結的位置沒有氫原子。

圖 3.3

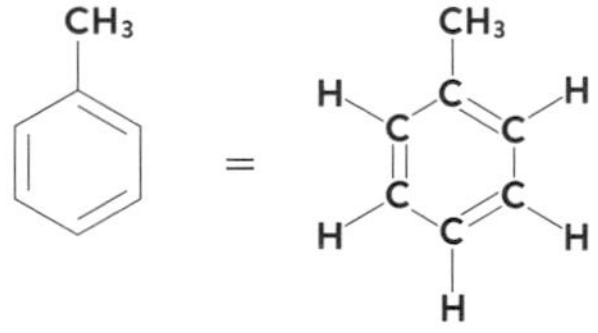

本書中省略了C和H的部分，使用前圖左側的畫法來代表苯環。

這種結構之後還會出現很多次，請先好好記下來。

2　用化學反應製造的常見有用分子

好了，回到日常用品中所使用的分子。

藥物和液晶等大有用處的分子，大多是利用化學反應合成不同分子而製造出來的。

如下面的模式圖所示，基本原理便是將不同的小分子結合在一起，以形成一個新的大分子。

這就跟結合N_2和H_2來形成出NH_3的化學反應，都是相同的概念以及思路。

圖 3.4

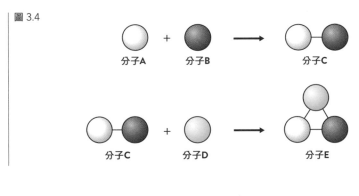

合成新分子的方式，
感覺就像是
組裝塑膠模型呢！

是啊。製造複雜分子時，需要進行好幾次化學反應，一步一步地組裝起來

長久以來，化學家致力於研究使分子之間結合的方法，研發出許多種的化學反應。

而本章要介紹的，是利用一種稱為鈀（Pd）的金屬元素，成功克服一直以來難以實現之化學反應的研究。

因為這項成就，理察·赫克教授、**根岸英一教授**、**鈴木章教授**一同在2010年獲頒諾貝爾化學獎。這3位教授分別發現了「溝呂木－赫克反應」、「根岸偶合反應」與「鈴木－宮浦偶合反應」這3種化學反應。

而名字同樣出現在化學反應名稱中的宮浦教授和溝呂木教授，當然也是發現者。

本章，我們將介紹在1970年代發現的「**根岸偶合反應**」和「**鈴木－宮浦偶合反應**」。

Eiichi Negishi

根岸英一

（1935－2021）

Akira Suzuki

鈴木 章

（1930－）

順帶一提，這2種反應的名稱之所以加上「偶合（Coupling）」一詞，是因為它們屬於分子與分子結合的反應。

利用這2種化學反應，我們就有可能**使苯環和苯環結合**。

圖 3.5

特別是鈴木－宮浦偶合反應，被廣泛應用於各產業，製造出我們身邊常見的生活用品。

前面介紹的身邊有用分子中，也包含了苯環和苯環相連的構造對吧。

所以，本章我們就要來詳細認識一下，使2個苯環結合的化學反應！

除了這裡介紹的2位教授外，
實際上還有非常多
對此領域有重要貢獻的學者喔。
只可惜諾貝爾化學獎一年最多只能有3個名額

3　碳原子和碳原子的結合方式

本節，我們暫時先放下苯環的主題。

在進入正題前，我們先來仔細認識一下開頭所介紹、各種生活中大有用處分子的結構（p.60）。

　　我想應該已經有讀者注意到，當中無論哪一種分子，都含有大量的**碳原子**（C）。

　　這是因為製造這些分子的原料都來自「石油」。

　　石油是一種含有大量碳原子的物質。

　　一般認為，石油是生物死後在地下深處被細菌分解，再經高溫和高壓固化形成的東西（雖然還有其他很多種說法⋯⋯）。

　　其實，包含我們人類在內，所有組成生物體的分子都是以碳原子為中心構成的。

　　在數量眾多的元素之中，碳原子是一種很特別的存在。

　　碳原子最大的特徵之一，就是它有很多種不同的連結方式。

　　如下圖所示，雖然碳原子大多以跟數個氫原子結合的方式存在，但實際上它的組合方式千變萬化，能夠自由自在地組合出各式各樣的分子。

圖 3.6

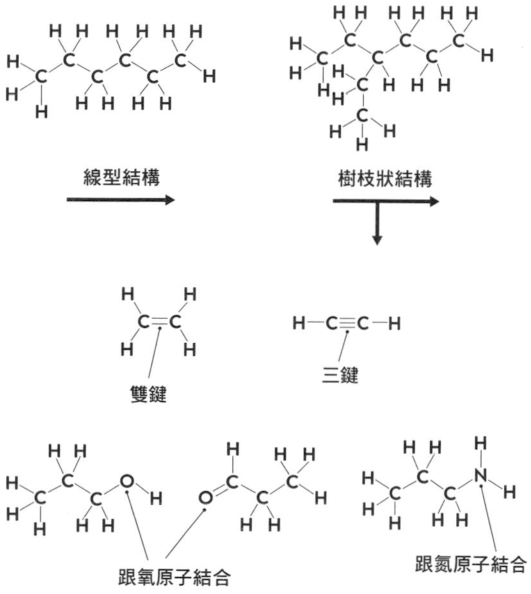

線型結構

樹枝狀結構

雙鍵

三鍵

跟氧原子結合

跟氮原子結合

在用小分子合成目標分子時，必須先從不同的碳原子之間開始組合。

換句話說，必須先掌握用化學反應使碳原子和碳原子（C和C）結合的技術。

圖 3.7

$$C + C \dashrightarrow^{?} C-C$$

不過，這是一項稍微有點難度的技術。

其原因如p.38所述，這跟碳原子既不容易帶正電，也不容易帶負電的電中性性質有很深的關係。

易帶正電的原子跟易帶負電的原子會彼此吸引，很容易就能結合。

例如Na和Cl一個易帶正電，另一個易帶負電，會形成鈉離子（Na^+）和氯離子（Cl^-），因電磁力而結合，變成NaCl（參照p.37）。

然而若想讓電中性的碳原子互相結合，就必須<u>強行讓碳原子帶正電或負電</u>。

如下圖所示，只要讓2個碳原子分別跟易帶正電的原子（◇）和易帶負電的原子（△）結合，就能使碳原子分別帶正電和負電。

雖然無法形成像Na^+和Cl^-那樣的離子，但仍可以像p.37講述水分子（H_2O）時的情況一樣，產生偏向某一方的電荷。

圖 3.8

換言之，只要事先創造這樣的「結構」，再使碳原子結合就行了。

而此類結構的具體範例如次頁。

圖 3.9

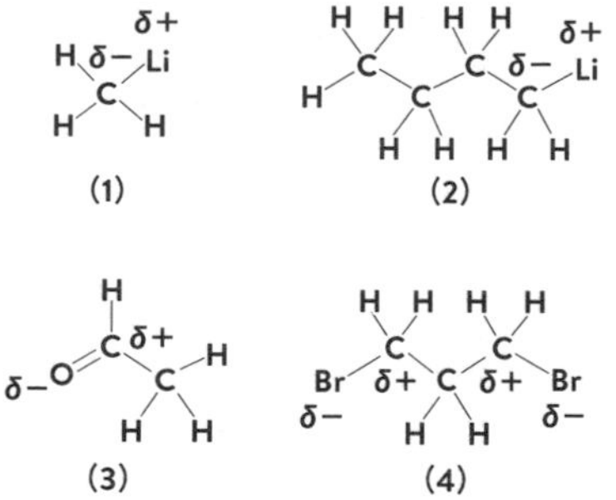

在（1）和（2）的例子裡，新出現了一種稱作鋰（Li）的原子對吧。

就像鈉（Na）有易帶正電荷的性質，鋰（Li）也是易帶正電的原子。

而為了配合鋰的電性，旁邊的碳原子就會變成帶負電。

另一方面，分子（3）擁有的氧原子（O）則具有易帶負電的性質。

分子（4）中則出現了另一個首次登場的元素，一種稱作溴（Br）的原子。

溴原子也跟氧原子一樣具有易帶負電的性質。

在（3）和（4）的例子中，這2種原子旁邊的碳原子為了配合它們的電性，會變成帶正電。

以下是其中一個化學反應的具體範例。

圖 3.10

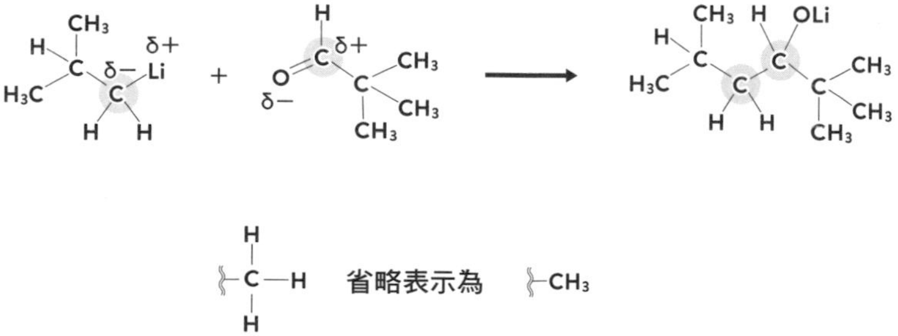

藉由跟鋰結合而帶正電的碳原子，以及跟氧結合而帶負電的碳原子，兩者會互相吸引，形成新的鍵結。

　於是小分子就這樣組合起來，變成了更大的分子。

　這裡補上本章新登場的元素，列出目前為止出現過的所有原子性質。

　　易帶正電的原子………氫H、鈉Na、鋰Li、鋅Zn
　　易帶負電的原子………氧O、氮N、氯Cl、溴Br
　　兩者都不帶的原子……碳C

　　鋅（Zn）這種金屬原子之後才會登場。
　　基本上，金屬原子都容易帶正電

　另外，氫（H）雖然也具有易帶正電的性質，但無法對碳原子造成太大影響。

　就跟H$_2$O的時候一樣，只有當所結合的原子（O）為較容易帶負電的性質時，氫原子易帶正電的性質才會顯現出來（p.37）。

4　苯環和苯環的結合方式

　那麼，在認識了基本的概念後，接著就進入主題吧。

　前面說過，根岸偶合反應和鈴木－宮浦偶合反應這2種化學反應的特

點都是讓苯環和苯環結合。

　　利用這樣的化學反應，就能創造苯環相連的結構，合成出在生活中大有用處的分子。

　　在過去，要製造出這種分子非常困難。

　　光只靠讓碳原子偏向正電荷或負電荷的方法，是很難讓苯環和苯環結合在一起的。

　　例如，光是創造像下圖所畫的結構，而使碳原子偏向正電荷或負電荷，但這2個苯環還是不會結合在一起的。

圖 3.11

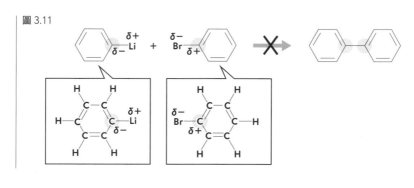

在畫苯環的時候通常會省略掉碳原子的C呢

　　化學家們想到的其中一個原因，是苯本身就是一種不容易發生化學反應的分子。

　　在前一章，也曾出現過另一個不易起化學反應的分子N_2對吧。

　　當時我們說過，這是因為氮氣分子有3條鍵（$N \equiv N$），所以它們很難被拆開。

　　但苯不一樣，光看化學結構圖，苯的碳原子之間只有1條或2條鍵（次頁圖的（1）），乍看之下似乎很容易發生化學反應。

所以苯不容易發生化學反應是另有別的原因。

其實，將組成苯環的個別碳原子連在一起的化學鍵，整體可視為1.5條鍵（下圖的（2））。

跳過複雜的部分只簡單地說明，就是**分子整體的結合力很強，故不容易發生化學反應**。

現在科學家們知道，苯之所以不易起化學反應，就是因為這種特殊的性質。

另外，如下圖（3）所示，苯的化學鍵也可以用一個圓來表示。

雖然大多情況習慣用（1）的畫法表示，但其實（2）和（3）的畫法更貼近苯的真實結構。

圖 3.12

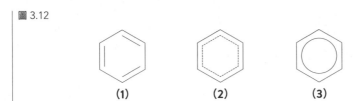

(1)　　　　(2)　　　　(3)

（2）的畫法是把虛線部分當成0.5條鍵，加上實線部分就是1.5條鍵對吧！

另外，這種化合物的性質被稱為「芳香性」喔。要詳細說明的話，必須用到非常複雜的理論

總而言之，科學家雖然努力嘗試想把多個苯環連在一起，卻始終無法辦到。

　　而在大家都束手無策的時候，一群研究者成功利用鈀金屬（Pd），有效率地實現了這個化學反應，那便是根岸偶合反應。

　　在根岸偶合反應誕生後不久，鈴木－宮浦偶合反應也緊接著問世。

順帶一提，其實在此之前便有稱作
「熊田－玉尾－Corriu偶合反應」
的化學反應率先取得成功。
根岸偶合反應便是改良上述反應後才問世

5　根岸偶合反應

　　那麼，我們首先來看看根岸偶合反應的例子。

圖 3.13

使用鈀（Pd）

根岸偶合反應

*X中存在很多原子。
*「NO₂」是N跟2個O結合而成的結構，俗稱「硝基」。

　　在這個化學反應之中，要先創造出鋅（Zn）原子跟溴（Br）原子結合的結構。

　　一如在p.68所預告的，Zn是一種性質易帶正電的金屬元素（旁邊的X可以無視）。

另一方面，Br具有易帶負電的性質。

受到Zn的影響而偏負電的碳原子，會跟受到Br影響而偏正電的碳原子結合，使苯環間相連起來。

然而，如果沒有鈀製藥劑的參與，這個化學反應就不會發生。

換言之，鈀跟前一章的氧化鐵一樣，是可以促進這個反應進行的「催化劑」。

不過，它跟氧化鐵催化的運作機制卻是大不相同。

那麼，現在就來看看這次的催化劑是如何發揮效用的吧。

接著來看看這個化學反應過程的模式圖。

圖 3.14

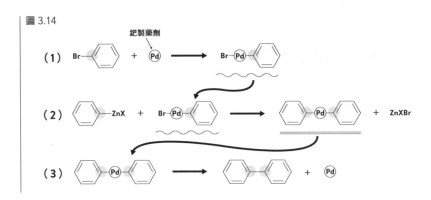

（1）首先，在苯環和Br之間加入鈀（Pd）。

（2）接著，跟Zn結合的苯環會跟Br交換，使2個苯環透過鈀相連。除此以外的部分則會變成ZnXBr。

（3）最後鈀會分離，同時間2個苯環會結合。

就這樣，藉由讓鈀介入2個苯環之間，使得化學反應得以進行，最終讓苯環相連在一起。

這個反應發現了鈀具有的效果，可以使苯環間原本無法相連的碳原子結合。

其實過程中使用的不是Pd鈀金屬原子，
而是化學式如Pd[P(C₆H₅)₃]₄般複雜的藥劑。
P是「磷」的元素符號

原來上面的是簡化過後的說明啊。
那ZnX中X的部分是什麼結構呢？

X的部分是Cl、Br、或I（碘）等等

6　鈴木-宮浦偶合反應

接著，來看看鈴木－宮浦偶合反應吧。

圖 3.15

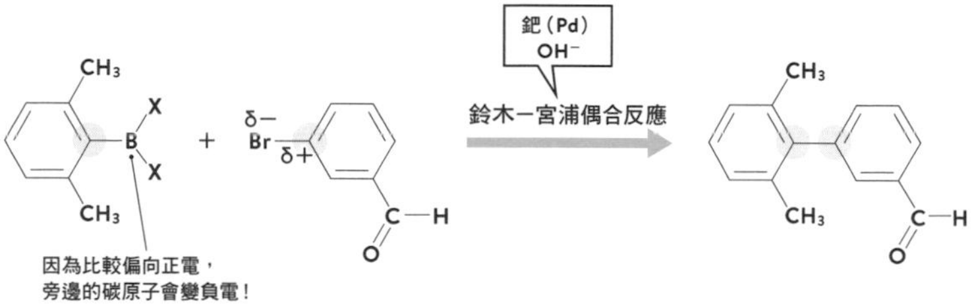

鈀（Pd）
OH⁻
鈴木－宮浦偶合反應

CH₃
B
X
X
+
δ⁻
Br
δ⁺
因為比較偏向正電，
旁邊的碳原子會變負電！
CH₃

CH₃
CH₃

*X中包含許多複雜結構。

這次出現了元素符號為「B」的原子。

這種元素被稱為「硼」，具有稍微容易帶正電荷的性質（可以忽略X的部分）。

因此，這個化學反應中跟碳原子結合的是硼和Br。

此反應同樣用鈀當催化劑，試著讓在硼的影響下偏負電的碳原子，跟在Br的影響下偏正電的碳原子，將這兩者結合。

最初，這個反應進行得並不順利。

相較於跟鋅結合的苯環（根岸偶合反應），跟硼結合的苯環明顯地比較難發生化學反應。

這是因為硼和碳的結合（B−C），電性不像鋅和碳的結合（Zn−C）那麼明顯，所以比較不容易切斷。

為了使化學反應進行，必須再添加除了鈀之外的藥劑。

而這個添加進去的藥劑，便是可以釋放出一種名為「氫氧根離子」的物質。

這種離子的化學式是「OH⁻」，具有在理化課上學過、酸鹼性中的鹼性性質。

例如，NaOH（氫氧化鈉）這種物質溶於水，便會同時產生Na⁺（鈉離子）和OH⁻。

這個氫氧根離子和硼結合時，會活化跟硼結合的苯環，讓硼和碳之間的化學鍵變得更容易切斷。

於是，化學反應就能夠順利地進行。

認識這個方法後，下面我們繼續來看看鈴木－宮浦偶合反應進行時的機制吧。

基本的流程與根岸偶合反應相同。

圖 3.16

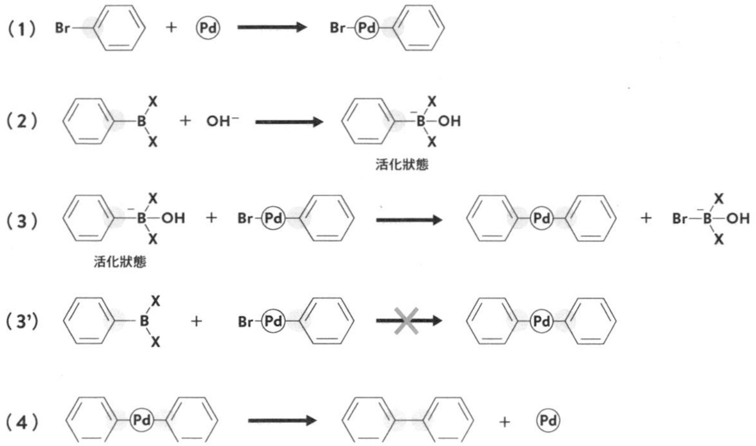

（1）首先，在苯環和Br之間插入鈀。

（2）使跟硼（B）結合的苯環和氫氧根離子（OH⁻）反應，變成活化狀態。

（3）接著，活化狀態的苯環跟另一個苯環的Br交換。於是，2個苯環透過鈀連接在一起。此時，除此之外的部分是由部分的硼和氫氧根離子、Br集合而成。

（3'）另外，若是過程中沒有氫氧根離子時，（3）的化學反應就不會進行。

（4）最後鈀脫離，2個苯環結合。

由此可見，這個化學反應同樣也是透過鈀去介入2個苯環的中間來進行的。

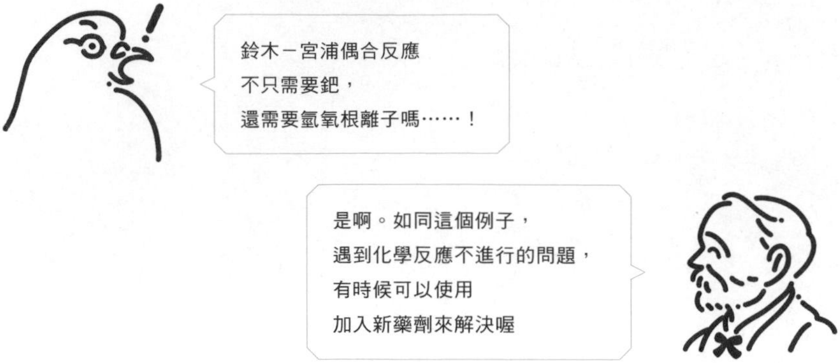

鈴木－宮浦偶合反應
不只需要鈀，
還需要氫氧根離子嗎……！
是啊。如同這個例子，
遇到化學反應不進行的問題，
有時候可以使用
加入新藥劑來解決喔

順帶一提，與硼結合的X部分，舉個例子，可以是下方這樣的結構。

圖 3.17

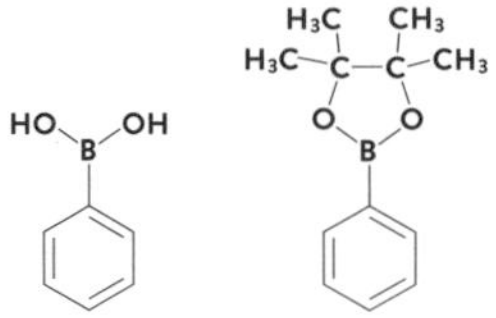
HO
B
OH
H₃C
CH₃
H₃C
C
C
CH₃
O
O
B

就這樣，科學家確立了在過去被視為相當困難的苯環結合化學反應。

一如本章開頭所述，鈴木－宮浦偶合反應被廣泛應用在各個產業，用來製造日常生活中的用品。

為什麼鈴木－宮浦偶合反應會被廣泛應用呢？

其中最主要的原因，是與硼結合的苯環具有容易廣泛使用的優點。

這種結構不容易跟空氣中的成分和濕氣反應，十分方便人們測量和加以保存。

在化學上，很多藥劑都會跟空氣中的氧氣（O_2）或濕氣（也就是H_2O）發生化學反應，變得無法使用。

包括在根岸偶合反應中登場，含有Zn的藥劑也不例外。

但跟硼結合的苯環是一種不易發生化學反應的分子。

因為只要不加入氫氧根離子,它就不會被活化。

另外,雖然屬於比較進階的話題,但鈴木-宮浦偶合反應還可以用於不同種類的苯環。

比如下面的範例圖所示,也有一些苯環可能在我們不希望它發生化學反應的位置發生化學反應。

 圖 3.18

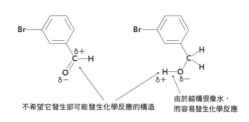

而跟硼結合的苯環則是具有不易起化學反應的特性(必須被活化後才會起反應)。

因此,這種苯環在發生反應時也比較不容易出問題。

換言之,鈴木-宮浦偶合反應的泛用性很高對吧

不僅如此,含硼的藥劑毒性相對較低,化學反應後產生的廢棄物也不易變成有害物質。

出於以上原因,在實驗室內自然不用多說,即使用在工業化生產的化學反應中,它也是一種非常優秀的藥劑。

7　用鈴木-宮浦偶合反應製造藥物

那麼，最後稍微介紹一下實際產品的合成。

鈴木－宮浦偶合反應可以用來製造藥物。

下面介紹一個合成降血壓藥的例子。

利用鈴木－宮浦偶合反應，可以合成出連結苯環後的分子（3），是藉由連結苯環（1）和苯環（2）製造出來的。

而（3）可以用來製造降血壓的藥物。

換言之，將位於（3）構造內的「$(C_6H_5)_3C-$」的部分變換成K（鉀），就能製造出一種名為「氯沙坦鉀」的降血壓藥。

圖 3.19

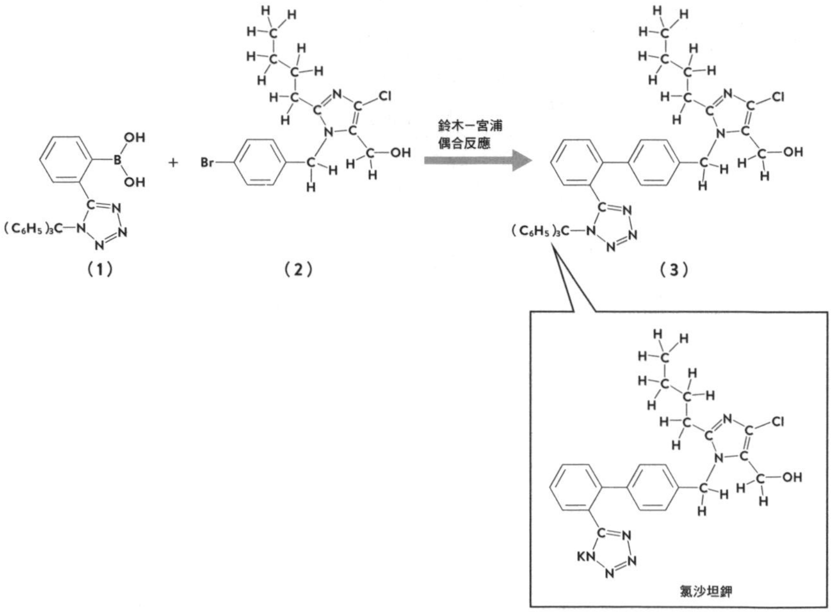

聽說鈴木章教授本人
也有在服用這種藥物！

還有，製造液晶顯示器的材料時也會用到鈴木－宮浦偶合反應。

如p.60頁所示，當中含有苯環相連的結構。

本章到此就結束了。

在這一章，我們介紹了化學家是如何想出使碳原子結合的「小伎倆」，以及如何利用「鈀」當成催化劑使原本不易發生化學反應的苯環互相連結，並發展出適合工業化生產的化學反應。

而上述的化學反應，也被實際用來製造在我們生活中的有用分子。

鈴木－宮浦偶合反應，是使碳原子結合的化學反應中堪稱最終形態的優秀發明。

不知道在未來，是否還會出現比它更優秀的反應呢？

Chapter

4

測量蛋白質的質量

MALDI

2002年諾貝爾化學獎

得獎者

約翰・芬恩

田中耕一

庫爾特・維特里希

得獎原因

發展了對生物大分子進行鑑定和結構分析的方法

1 關於用機器測量分子這件事

　　那麼，接下來要介紹的是在2002年獲得諾貝爾化學獎的研究。

　　該年的得主是約翰・芬恩教授、田中耕一教授以及庫爾特・維特里希教授3位。

　　而本書將會主要介紹**田中耕一教授**的研究。

　　他的研究內容是「測量蛋白質質量的方法」。

Koichi Tanaka
田中耕一
(1959－)

　　「**蛋白質**」是構成我們身體的主要成分之一，跟前面章節所提到的所有分子相比，它是一種體積非常巨大的分子。

　　同時蛋白質也是一種很有名的營養素，相信大家在生活當中應該常常聽到吧。

　　而本章將說明用機器測量蛋白質這種大分子的質量，並揭開其真面目的方法。

首先想問問大家，聽到「用機器測量分子」這句話，你的腦中會浮現出什麼畫面呢？

目前為止介紹過的原子和分子都是非常微小的物體，無法直接用肉眼觀察。

那麼，人們又是如何確認它們的結構長什麼樣子呢？

通常，研究者們會用化學反應製造，或是從自然界採集這些分子，再使用各種機器來分析它們。

接著再根據分析的結果來確定分子的結構。

圖 4.1

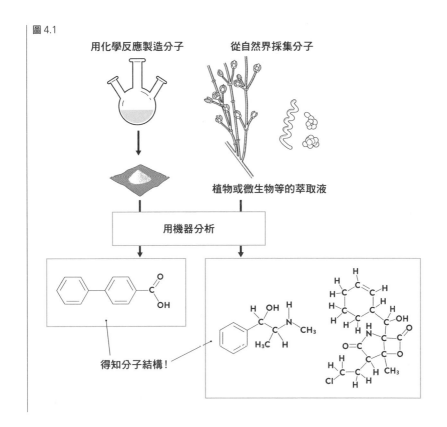

換言之，如果沒有機器幫忙分析，我們就無從得知原子或分子這種微

小物體的結構。

　　因為「機器」這個說法過於籠統，所以後面我們會改用專家常使用的稱呼「分析儀器」來做說明。

　　而本章將介紹的，是用於測量分子質量的分析儀器「**質譜儀**」。

2　**分子的質量**

　　接著，一起來認識分子的質量吧。

　　每種原子都有一個屬於自己、被稱為「**原子量**」，代表原子相對質量的數字。

　　這件事我們在1-1節門得列夫的部分提到過（p.25）。

　　當時我們就有提到，原子的相對質量是以氫（H＝1）和氧（O＝16）為基準。

　　而到了現代則改用碳原子當基準，所以這裡請大家暫時先忘掉1-1節的內容。

　　其實，自然界存在著 ^{12}C、^{13}C、^{14}C 這3種質量不同的碳原子，而原子量是以 ^{12}C＝12為基準（^{13}C＝13、^{14}C＝14）。

　　像 ^{12}C、^{13}C、^{14}C 這樣的關係，叫作「**同位素**」。

　　很多元素都存在同位素，不只是碳而已。

　　以下是前面登場的主要元素的原子量。

$$H = 1.008 \text{、} C = 12.01 \text{、} N = 14.01 \text{、} O = 16.00$$
$$Na = 22.99 \text{、} Cl = 35.45$$

為什麼不是C＝12
而是12.01呢？

因為這個數字有把同位素的存在算進來。
自然界的碳約有1%是^{13}C。
而^{14}C的數量則非常稀少

但用這個原子量來計算，數字會變得很複雜，所以這裡我們就比照國中、高中化學課的內容，使用稍微簡化過的數字吧。

本書所用的原子量具體如下。

$$H = 1 \cdot C = 12 \cdot N = 14 \cdot O = 16$$
$$Na = 23 \cdot Cl = 35.5$$

而分子的相對質量，就是用上面的原子量計算出來的。

以H_2O為例，因為有2個H＝1，1個O＝16，所以分子量共是$1 \times 2 + 16 = 18$。

至於乙醇（C_2H_6O）則是$12 \times 2 + 1 \times 6 + 16 = 46$（乙醇的化學結構請參照 p.32）。

這個值叫作「**分子量**」。

使用質譜儀測量，可以得知一個物質的分子量情報。

順帶一提，由於NaCl、Fe、Cu、Au等金屬不會形成分子（p.35），所以不叫分子量，而稱「**式量**」。

例如NaCl是Na＝23和Cl＝35.5各1個，故式量為$23 + 35.5 = 58.5$。

3　質譜儀是什麼樣的裝置？

　　質譜儀的發明是在1918～1919年間，發明者是伯明罕大學的弗朗西斯‧阿斯頓教授，以及芝加哥大學的亞瑟‧傑弗里‧登普斯特教授。

順帶一提，阿斯頓教授
也是同位素的發現者，
並在1922年
拿到諾貝爾化學獎

　　首先，我們介紹質譜儀的具體使用範例。

　　下面的圖表是以空氣為試料（樣本）去分析時，所得出的結果。

　　配合圖表來看，大家應該更好想像從質譜儀得到的資訊長什麼樣子。

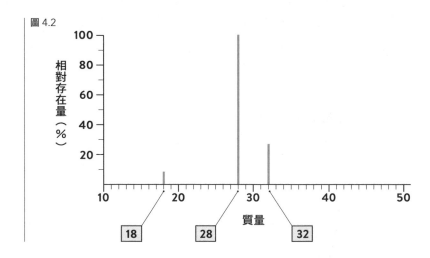

圖 4.2

這張圖的橫軸代表質量。

縱軸表示檢測到之分子的相對存在量（％），以成分最多者為100。

觀察橫軸，可發現質譜儀在質量18、28以及32的位置檢測到了某些東西。

大家還記得空氣的主要成分是N_2和O_2對吧（p.28）。

28和32的部分，分別是N_2（分子量：$14 \times 2 = 28$）以及O_2（分子量：$16 \times 2 = 32$）。

再看看縱軸，N_2的值明顯比O_2更多，比例大概是$N_2 : O_2 = 4 : 1$。

至於剩下的18的部分，則是H_2O（分子量：$1 \times 2 + 16 = 18$）。

這是因為空氣中含有濕氣（水蒸氣）。

如上所見，利用質譜儀分析，可以取得試料中所含有的分子資訊。

另外，「分子量」充其量只是以$^{12}C = 12$這個原子量為基準算出的相對數值，並不是像「公克（g）」這樣的質量單位。

另一方面，**質譜儀算出的是物質的實際質量**。

但這個質量的單位不是一般常用的公克（g），而是用「**統一原子質量單位（u）**」來表示。

統一原子質量單位（u）是專門用於表示原子和分子質量的單位，其定義是1u等於^{12}C質量的12分之1。

換言之1u＝1.6605×10^{-27}kg，是一個用來表示極小質量的單位（$\times 10^{-27}$就是用10除27次的意思）。

由於^{12}C的質量是12u，所以跟原子量和分子量的計算方式一樣。

正是因為這個緣故，本該是相對數值的分子量資訊，才能用質譜儀測量出來。

回歸正題，在空氣的例子中，我們在測量之前就已經知道空氣的主要成分是氮氣和氧氣。

但研究者在摸索新創造的分子，以及從自然界採集到的分子之結構時，分析的往往是不知道裡面含有什麼元素的試料。

而質譜儀可以得知試料中的分子量資訊，所以對釐清分子的結構大有幫助。

因為只要知道分子量，就能夠推測出分子的結構。

例如，假設檢測到的值是60，便可推測這個分子可能是C_3H_8O（分子量：$12 \times 3 + 1 \times 8 + 16 = 60$）或$C_2H_4O_2$（分子量：$12 \times 2 + 1 \times 4 + 16 \times 2 = 60$），設想出幾種可能的結構。

圖 4.3

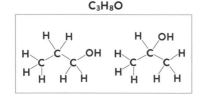

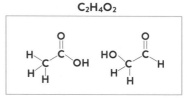

＊設想此分子是由C、H、O所組成。

於是，我們就可以篩選出幾個構造的候補分子。

然後科學家們會再配合質譜儀之外的各種分析儀器，逐步決定分子的結構。

雖然本書不會詳述，但除了質譜儀外，其他還有「核磁共振光譜法（NMR）」、「紅外線光譜法（IR）」、「X光結晶學」等方法。

利用各種各樣的分析儀器，便可得知未知分子的結構。

接下來，我們將會介紹幾個質譜儀在現實中的實際使用範例。

比如體育選手的禁藥檢查、毒品檢測、食物中是否含有特定有害物質的檢測等等，在各種情境中質譜儀都能派上用場。

在以上情境中，造成問題的關鍵成分都是分子，因此可以被質譜儀檢測到。

目前業界也在持續研究和開發分析技術，希望質譜儀可以分析出樣本

中是否含有特定分子。

下面列舉其中幾種，已經確認可以使用質譜儀檢測出的分子。

圖 4.4

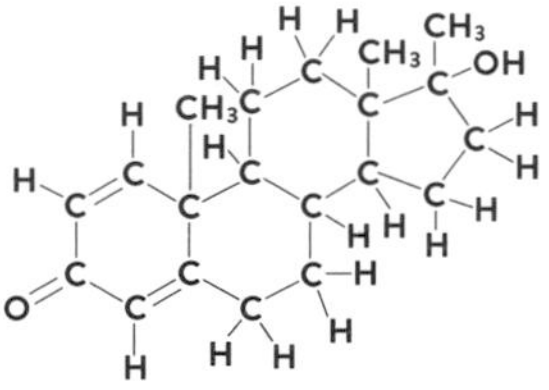

美雄酮
$C_{20}H_{28}O_2$　分子量300
有助增強肌力（運動禁藥）

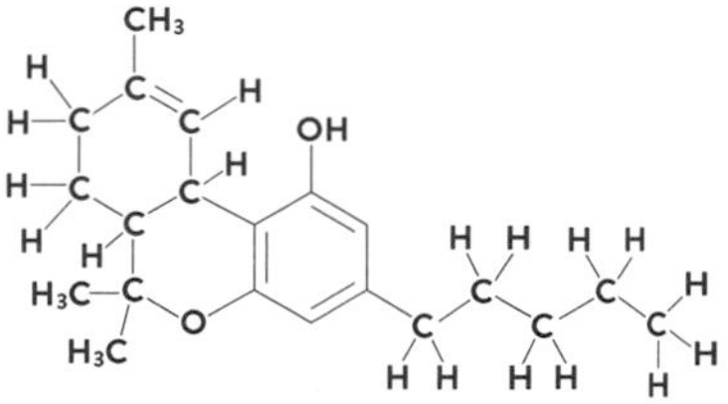

四氫大麻酚
$C_{21}H_{30}O_2$　分子量314
大麻的成分（毒品）

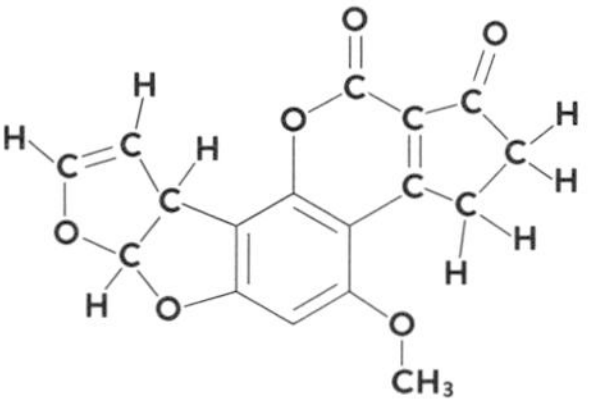

黃麴毒素B_1
$C_{17}H_{12}O_6$　分子量312
致癌物質（食品產生的黴菌類毒素）

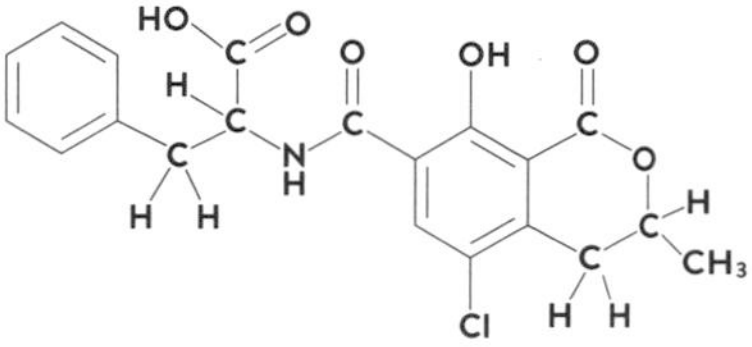

赭麴黴毒素
$C_{20}H_{18}ClNO_6$　分子量403
腎臟毒性（食品產生的黴菌類毒素）

檢測的樣本可以是
尿液、血液、毛髮、食品等等。
質譜儀可以找出其中
是否含有有問題的分子對吧！

沒錯。但實際檢測時，
通常是分析結構
在體內變化過後的分子，
或是先讓分子結構變化成
容易檢測的型態再分析喔

4 質譜儀的原理

質譜儀是用什麼原理測量分子質量的呢？

以下將會說明它的運作機制。

測量分子的質量，跟測量白米和豬肉的重量是完全不一樣的事。

白米或是豬肉可以放在天秤上測量，但是分子的質量卻沒辦法用天秤來測。

因為，分子是一種小到幾乎不受重力影響的東西。

那麼，下面讓我們來看看質譜儀的概略圖。

圖 4.5

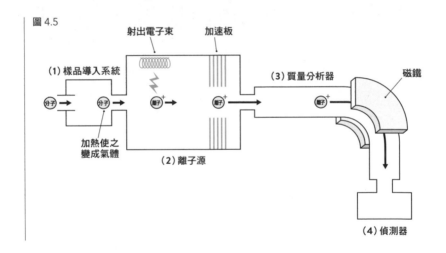

聽說一台質譜儀的價格
高達上千萬元呢！

　　質譜儀大致由（1）樣品導入系統、（2）離子源、（3）質量分析器、（4）偵測器，這4個部分所構成的。

　　首先，第一步是在（1）的樣品導入系統注入試料（分子）。

　　接著將注入的分子加熱直到變成氣態，送到（2）的離子源用「電子束」照射。

　　電子束便是帶有高能量的電子。

　　被電子束擊中後，試料分子原本攜帶的電子會被釋放出來，從分子變成離子的狀態。

　　由於飛出的電子帶負電荷，故原本的分子會變成帶正電荷（p.39，參照Na→Na⁺＋e⁻的說明）。

　　換言之在（2）的區域，質譜儀會給予試料分子巨大的能量，使其變成帶正電的離子。

圖 4.6

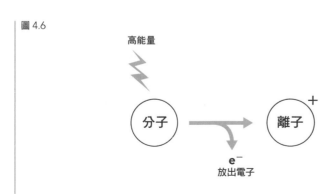

　　其實，質譜儀真正測量的不是分子本身的質量，而是釋放出電子後的離子質量。

　　在上一節檢測空氣的例子中（p.86），其實分析時測量的也是離子化的N_2和O_2。

　　另外，雖然離子化時分子會失去電子的質量，但因為電子的質量非常小，所以就算無視也沒關係。

接著產生的離子會被加速板透過施加電壓的方式加速（因為離子帶有電荷，所以會受電壓影響）。

然後，加速後的離子會進入（3）的質量分析器。

在這裡，離子會受到磁鐵產生的磁場影響而轉彎。

為什麼磁場會讓離子轉彎呢？要理解這個現象，必須要請大家回想國中時學過的「弗萊明左手定則」。

電流會受到磁場的影響而受力。

此時電流的方向和磁場的方向，以及磁場對電流的作用力方向，三者的關係就像下圖中左手3根指頭的關係。這便是弗萊明左手定則的內容。

中指代表電流（①）方向，食指代表磁場（②）方向，而拇指代表磁場對電流的作用力（③）方向。

圖 4.7

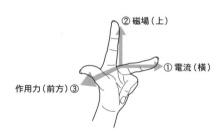

再重複一遍，離子帶有電荷。

其實，所謂帶電粒子的移動，也就是相當於電的流動（＝①電流，參照p.41）。

如次頁的圖片所示，從離子的後方施加一個往前的磁場（②）時，磁場會對離子產生向下的作用力③，使離子轉彎。

請自己套用弗萊明左手定則檢查看看吧。

圖 4.8

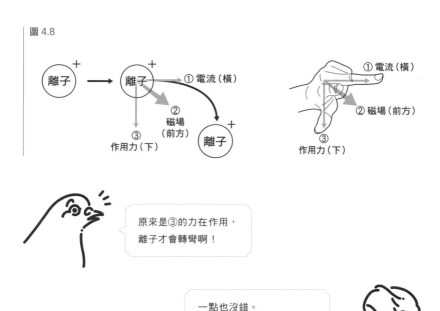

原來是③的力在作用，
離子才會轉彎啊！

一點也沒錯。
順帶一提，這個③的作用力
有個名字叫「勞侖茲力」喔

　　那麼，我們再重新看看離子當位於質量分析器中時，所進行的運動
（次頁的圖片（A））。

　　通道的裏側和外側各裝有一組磁鐵，它們會對離子施加一個由內向外
的磁場。

　　根據弗萊明左手定則，此時離子會受到向下的作用力。

　　因此，離子會像圖中畫的那樣，往下轉彎。

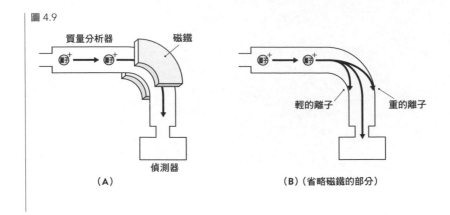

圖 4.9

質量分析器　　　　磁鐵

輕的離子　　　　　　重的離子

偵測器

（A）　　　　　　　　　　　（B）（省略磁鐵的部分）

　　此時，質量愈小的離子轉彎幅度會愈大，質量愈大的離子則轉彎幅度會愈小。

　　所以如圖中的（B）所示，輕的離子會因為轉彎太急，重的離子會因為轉彎太慢而撞上管壁。

　　因此，要讓質量小的離子通過質量分析器的彎道，就必須減弱磁場；要讓質量大的離子通過彎道，則必須增強磁場。

　　只有順利通過質量分析器的離子可以抵達（4）的偵測器，並被檢測出來。

　　換句話說，實驗者可以透過調節磁場的強弱，來讓想測量的離子通過彎道。

所以才要特地
把分子變成離子啊！

沒錯。一切都是為了用電壓加速，
再用磁場讓粒子轉彎

5　測量蛋白質的質量

在了解質譜儀的運作機制後，接下來終於要進入本章的主題。

本節就一起來看看獲得諾貝爾化學獎的「蛋白質的質量測量方法」內容吧。

首先，要介紹一下什麼是蛋白質。

蛋白質在我們的身體中隨處可見，擔綱了各式各樣的角色。

例如生物的頭髮、指甲、肌肉以及內臟，這些身體的部位都是由蛋白質組成。

而且不只是這些眼睛看得到的部分。

像是血液中負責運送氧氣，有名的「血紅素」；促進食物消化的「消化酵素」；以及讓我們感知到光線、味覺、氣味的「受體」等等，它們都在人體中扮演重要的角色。

我們的體內，據說存在著10萬種這樣的蛋白質。

當然不只是人類，動物、植物，甚至微小的細菌也都擁有蛋白質，蛋白質可以說是一種**主宰生命的物質**。

而這種種不同的蛋白質，全部都是由許多個「**胺基酸**」連結而成的巨大分子。

人體內的蛋白質，一共使用了20種不同的胺基酸。

次頁表示的是人體所包含的其中幾種胺基酸。

由於市售的維他命等營養品的包裝上，常常會特別標示出胺基酸的名字，所以其中可能也有你認識的種類。

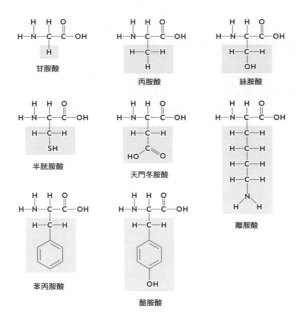

圖 4.10

甘胺酸

丙胺酸

絲胺酸

半胱胺酸

天門冬胺酸

離胺酸

苯丙胺酸

酪胺酸

半胱胺酸結構中的S
是本書中第一次出現呢！

S是「硫」的元素符號喔

圖中上色的部分是該種胺基酸特有的結構。

沒有上色的部分則是所有胺基酸的共通結構。

將幾十～幾百個這樣的胺基酸連接起來，就形成了蛋白質。

而次頁的圖片，則是蛋白質結構的模式圖。

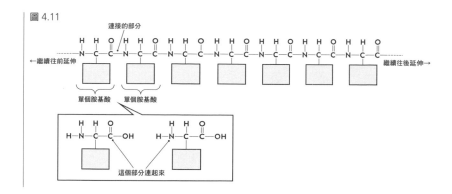

圖 4.11

圖中的四角形，是該胺基酸特有的結構。

而胺基酸間的連接點，是胺基酸共通結構中C和N的部分。

依照串聯的長度，以及20種胺基酸的排列組合，可以創造出非常多種模式。

所以這世上存在非常多不同種類的蛋白質，且每種蛋白質都擁有不同的功能。

以下列舉幾種蛋白質的具體功用。

可以看到這幾種蛋白質的分子量都超過1萬，跟過去登場的分子在數量等級上完全不一樣。

溶菌酶………分子量約1萬4000（眼淚、鼻水）　有殺菌作用

肌動蛋白……分子量約4萬2000（骨骼肌）　組成肌肉的蛋白質之一

澱粉酶………分子量約5萬4000（胰液）　　分解澱粉的消化酵素

血紅素………分子量約6萬4500（血液）　　將氧氣運送到全身

如上所見，蛋白質都是非常巨大的分子，但當然還沒有大到可以放在天秤上秤重。

想要取得蛋白質的分子量資訊，還是必須使用質譜儀測量。

那麼，用質譜儀測量蛋白質，又有什麼用處呢？

在蛋白質研究領域中，為了解開未知的蛋白質結構，科學家們開發出很多種分析方法。

而用質譜儀測量蛋白質質量，也是其中一種方法。

換句話說，這項技術有助於解開蛋白質的結構。

另外，這項測量蛋白質質量的技術，也被應用在醫療領域。

例如，用質譜儀測量細菌中的蛋白質質量，可以判斷出一個人感染的是哪種細菌。

在分析時，則是用病患的痰或血液當試料。

如下面的概念圖所示，檢測時會多次測量每種細菌的固有蛋白質，然後就能依照測出的結果，判斷到底感染了哪種細菌。

圖 4.12

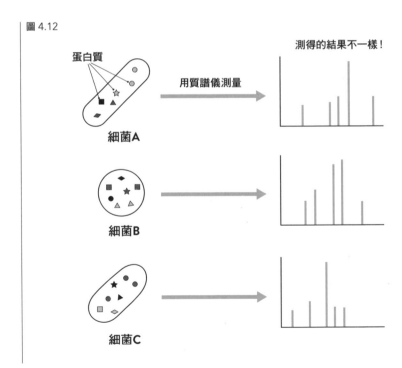

這個方法已經實際
引進醫療現場了喔

另外，質譜儀也可能有助於早期發現阿茲海默症。

已知阿茲海默症的病患腦中，會大量累積一種叫「β澱粉樣蛋白」的蛋白質。

因為β澱粉樣蛋白也存在於血液中，所以理論上可以用血液當試料，再用質譜儀檢測出來。

雖然目前尚未實用化，但利用質譜儀，說不定可以幫助病患提早發現阿茲海默症。

由此可見，用質譜儀測量蛋白質質量是一件非常重要的事情。

6　MALDI的開發

如前一節所述，測量蛋白質的質量很重要。

然而，早期的質譜儀很難測量出蛋白質的質量。

這是因為在傳統測量方法中，必須把試料的分子變成氣體（p.91），但是蛋白質是一種很難汽化的分子。

而且還不只有這個問題。

如果給蛋白質強烈的能量使其離子化，蛋白質就會在這個過程中被破壞得四分五裂。

跟過去登場的分子相比，蛋白質很容易被強大的能量分解。

而在此時跳出來挺身挑戰這項難題的人，便是島津製作所的田中耕一教授。

他的解決方法，就是把蛋白質跟其他物質混合，再用雷射（強烈能量）照射，將蛋白質變成離子。

也就是說他所嘗試的，是讓跟蛋白質混合的其他物質吸收雷射的能量，在不破壞蛋白質的情況下使其變成離子。

以我們身邊的東西來比喻，蛋白質之外的混合物就相當於緩衝材料或軟墊。

專家將具有這種緩衝功能的物質稱為「**基質**（Matrix）」。

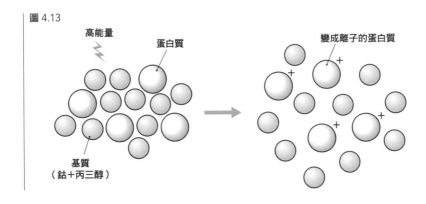

圖 4.13

據說這個點子是由田中教授的前輩，吉田佳一研究員提出的。

於是他們使用雷射照射包裹在基質內的蛋白質，嘗試能否產生離子。

他們使用了分子量較大的試料，測試使用各種不同物質當基質。

據說田中教授測試了幾百種物質，並用各種不同的濃度做實驗。

然後就在某一天，田中教授不小心把某種原本不應該加入的藥劑錯加到調好的基質內。

當時他所準備的基質，是一種被稱為鈷的超微金屬粉末（元素符號為Co）。

那時吉田研究員已經確定這種金屬很適合當基質，距離測出分子量較

大的蛋白質只差臨門一腳。

而田中教授不小心加錯的,是一種叫「丙三醇」的化學藥劑。

據說,田中教授是認為把這個混合物「丟掉太浪費」,所以才沒有銷毀,乾脆直接測看看。

結果一測之後,蛋白質真的跟基質一同汽化,順利完成了離子化。

雖然是出於偶然才混合了丙三醇,但田中教授沒有錯失機會,依照最初的計畫用基質(鈷+丙三醇)吸收了雷射的能量,在不破壞蛋白質的情況下成功使試料離子化。

這是1985年時的事。

順帶一提,丙三醇的別名又叫「甘油」,是一種略帶黏性的液體。

很多化妝品中也含有甘油,結果解決問題的關鍵竟意外是生活中的常見分子。

圖 4.14

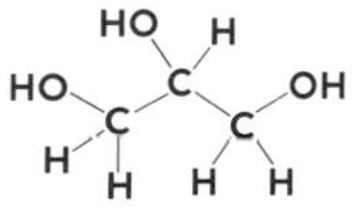

HO　H
HO　C
H　C　OH
H　H　H

丙三醇

現在,丙三醇以外還使用
其他很多種分子當基質喔

據說田中教授的祖母是一個節儉惜物的人,
常常把「不要浪費」掛在嘴邊。
也許正因為如此他才沒有丟掉調錯的藥劑吧

實際上，在這個方法中，蛋白質會跟H^+或Na^+等離子結合，變成帶正電的離子。

H^+是氫原子因正離子而成為的氫離子。在日本因為氫離子實際上等於質子（Proton），也會用Proton來代指氫離子。

可以看作H^+是來自基質（丙三醇），而Na^+則來自試料或基質中的微量雜質。

因此，使用此分析法測量出來的質量，其實應該是「蛋白質的質量＋1（H^+）」或「蛋白質的質量＋23（Na^+）」，必須減去多出來的值才是真正的質量。

圖 4.15

變成離子的蛋白質　其實是……　或

另外，那個年代的質譜儀的質量分析器，也開始使用更適合測量大分子的新方法。

這個方法不需要利用磁場來讓離子轉彎。

此方法只需要利用電壓促使離子加速，是一種被稱為「**飛行時間質譜術**」的方法。

實際上，當離子因電壓加速後，質量小的離子會移動得更快，而質量大的離子則移動較慢。

所以，不同質量的離子到達偵測器的時間會有所不同。

而從到達時間的差異，即可算出離子的質量。

圖 4.16

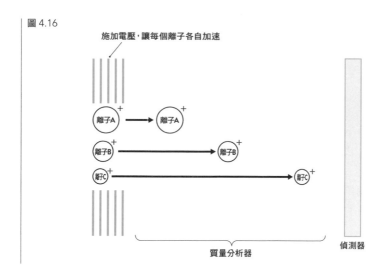

施加電壓，讓每個離子各自加速

離子A⁺ → 離子A⁺

離子B⁺ → 離子B⁺

離子C⁺ → 離子C⁺

質量分析器　　　　偵測器

原來也有不需要用磁場
讓離子轉彎的方法啊！

　　使用飛行時間質譜術，可以測量質量很大的蛋白質。

　　前面說過，傳統的磁場型方法，是利用離子質量愈大愈不容易受磁場
影響而轉彎的原理（p.94）。

　　因此，要讓大質量的離子通過彎道，必須使用大型的強力磁鐵，分析
儀器的體積也會跟著變得過於巨大。

　　而使用飛行時間質譜術，原理上只要時間夠久，無論多大質量的離子
都能抵達偵測器。

　　1988年，結合了飛行時間質譜術和田中教授的離子化方法，可以測
量蛋白質質量的質譜儀正式上市。

　　另外，這個離子化方法的正式名稱叫「**MALDI**（Matrix Assisted Laser
Desorption/Ionization，基質輔助雷射解吸／電離法）」。

德國的弗蘭茲・希倫坎普（Franz Hillenkamp）教授
所帶領的團隊為此方法命名為MALDI。
該團隊在同一時期也在研究
應用類似原理的分析方法喔

　　那麼最後，稍微介紹一下田中耕一教授少年時期的小故事吧。

　　這是他小學六年級時發生的故事。

　　在當時，日本的小學生必須輪流負責照顧學校的雞隻，輪到自己值日時，即使是假日也必須到學校去餵雞。

　　而田中教授曾經學習過電流和磁鐵的原理，便想出了一個點子。

　　他利用自己學到的知識，畫出一個裝有計時器的自動餵食器設計圖，並實際做了出來。

　　這個裝置的設計很簡單，就是在設定好的時間打開蓋子，使飼料掉進飼料箱的機關。

　　後來學校的老師將這個自動餵食器拿去報名參加發明比賽，結果卻被評審認為「這不是小孩子做得出來的作品」而未能得獎。

　　據說「測量蛋白質質量」這個令田中教授拿到諾貝爾獎的研究主題，在當時就連專家也認為是不可能實現的目標。

　　田中教授從少年時代就擁有化不可能為可能的能力，相信有這樣想法的應該不只我一個人才對。

Chapter

5

足球狀分子的發現 富勒烯

1996年諾貝爾化學獎

得 獎 者

勞勃・柯爾

哈羅德・克羅托

理察・斯莫利

得獎原因

發現富勒烯

1 由碳原子組成的足球

　　至此大家已經看過了各種不同結構的分子，而在本章，我們要來介紹一個擁有不可思議形狀的分子。

　　這種分子的形狀竟然如同……足球。

圖 5.1

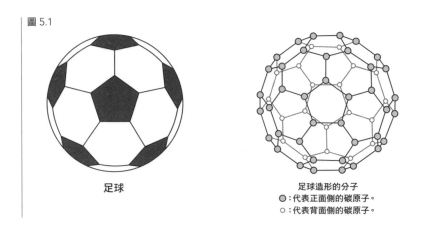

足球

足球造形的分子
●：代表正面側的碳原子。
○：代表背面側的碳原子。

　　當然，這種足球造形的分子體積很小，無法直接用眼睛看到形狀。

　　這種分子的大小只有1奈米左右。

　　1奈米是一般直尺常見的最小單位1公厘的100萬分之1，是非常非常小的尺寸單位。

　　在這麼微小的世界，竟然存在一種形狀像足球的東西？……真的很令人吃驚對吧。

　　上圖中雖然為了表現這顆足球的正面和背面而使用了2種顏色，但實際上它完全由碳原子（元素符號C）所組成。

　　事實上，我們的身邊就存在著2種只由碳原子組成的物質。

那就是**石墨**和**鑽石**。

下方的圖是這2種物質的構造。

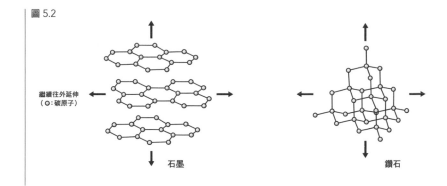

圖 5.2

繼續往外延伸
（○：碳原子）

石墨

鑽石

石墨是什麼？

石墨就是一般常見的鉛筆芯所用的材料喔。
除此之外，我們身邊還有其他
結構更不規則的「無定形碳」。
比如煤、活性碳、碳煙
（Carbon black，用於印刷墨水）等等

這張圖中畫的只是這2種物質的一部分結構。

現實中的石墨和鑽石如同圖中的箭號所示，是由規律排列的碳原子一直連接延續而成。

這種形態的物質我們在1-4節也曾學過（p.34）。

也就是NaCl或金屬（Fe或Cu）這種類型的物質。

而就跟Fe和Cu一樣，它的化學式通常只用一個「C」表示。

石墨是由碳原子所組成的六角形平面連續結構，然後一層層地往上堆疊而成。

至於鑽石則是由單個碳原子往4個方向結合而形成，是立體型的結構。

雖然都是由同一種元素組成，但結構不同，形成的物質也完全不一樣。

那麼，請各位先記住這個概念，然後一起來看看本章的主角足球造形分子吧。

2　C_{60}的發現

首先，我們回顧一下足球造形分子的發現過程。

時間要回溯到1980年代。

第一個發現這種分子的，是3位研究者。

分別是勞勃・柯爾教授、哈羅德・克羅托教授、理察・斯莫利教授。

Robert Curl
勞勃・柯爾
（1933－2022）

Harold Kroto
哈羅德・克羅托
（1939－2016）

Richard Smalley
理察・斯莫利
（1943－2005）

這項發現的起點，源自克羅托教授在薩塞克斯大學（英國）的宇宙相關研究。

當時克羅托教授正使用一種叫「微波」的電磁波，觀測存在於恆星與恆星之間的分子（稱為星際分子）。

下圖是克羅托教授當時研究的2種星際分子。

圖 5.3

H—C≡C—C≡C—C≡C—C≡N　　H—C≡C—C≡C—C≡C—C≡C—C≡N

克羅托教授當時研究的星際分子範例

他嘗試在實驗室內用化學反應製造星際分子，卻發現很難使這些分子的特徵結構「—C≡C—」以直線狀連接。

就在這期間，克羅托教授受柯爾教授之邀，在1984年造訪萊斯大學（美國）。

同樣正在研究星際分子的柯爾教授，將在同大學任教的斯莫利教授介紹給克羅托教授。

斯莫利教授自行研發了一種裝置，名稱為「雷射蒸發分子團束裝置（Laser vaporization cluster beam apparatus）」，並使用這個裝置研究各種物質。

使用這個裝置，可以用雷射使試料物質蒸發，再檢測蒸發後發生狀態變化的物質。

比如以金屬為試料時，此裝置可以將朝四面八方不斷連結的金屬（其結構參照p.40）蒸發四散，使金屬原子集結成數個～數百個的團簇，並檢測出來。

其概念如次頁圖所示。

圖 5.4

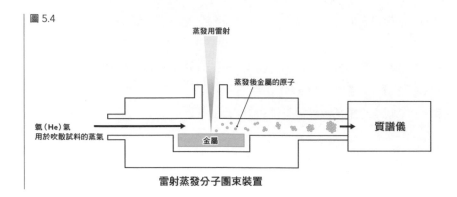

蒸發用雷射

蒸發後金屬的原子

氦（He）氣
用於吹散試料的蒸氣

金屬

質譜儀

雷射蒸發分子團束裝置

斯莫利教授當時除了Fe、Cu、Al等金屬外，
還用了矽（元素符號Si）當試料

　　於是克羅托教授想到，可以嘗試看看把斯莫利教授的方法使用在自己
的研究中。

　　由於星際分子的直線狀結構「…－C≡C－C≡C－…」是由碳原子組
成的。

　　因此克羅托教授認為，如果把同樣由碳原子組成的石墨用雷射蒸發，
說不定就能從中檢測到擁有直線狀結構的物質，就如同在星際分子中所觀
察到的。

　　在這樣的經緯下，3位教授展開了共同研究（1985年）。

　　一切的起點是克羅托教授的星際分子研究，跟足球造形分子完全沒有
關係呢。

　　就這樣，3位教授開始著手使用雷射蒸發石墨的實驗，並用「質譜
儀」檢測產生的物質。

　　這個雷射實驗的結果，他們發現在產生的物質當中檢測到大量碳原子
數60的物質。

注意下面的圖表跟4-3節的圖表（p.86）不同，橫軸並非代表著質量，而是「碳原子數」。

這種分子的化學式寫成**C₆₀**，分子量是12×60＝720。

換言之，60個石墨的碳原子聚集起來，就形成了C₆₀。

圖 5.5

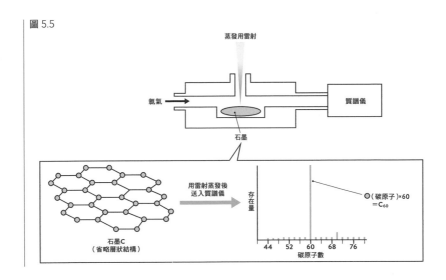

石墨的化學式是C，
是一種由碳原子規律排列
連結而成的物質（p.107）

觀測到了好多C₆₀！

3　C_{60}的結構

當時，幾位教授針對這種C_{60}的結構進行了各式各樣的爭論。

因為觀測到的數量很多，所以他們預測C_{60}應該是一種穩定（不易分解）的結構。

而為這個結構提供靈感的人，是克羅托教授。

據說他在思考這個結構時，聯想到了以前看過、由正三角形貼合組成的「富勒穹頂（Geodesic dome）」這種建築物結構。

圖 5.6

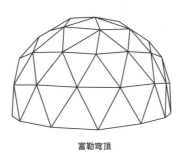

富勒穹頂

實際上克羅托教授看到的，
是由更多三角形組合成的大型圓頂喔！

以這種建築物為靈感，他們猜測C_{60}可能是足球形的結構。

而最先畫出這個形狀的人是斯莫利教授，他用影印紙和透明膠帶實際做出了一個C_{60}的模型。

然後，幾位教授們撰寫論文，在1985年報告了C_{60}的發現。

在這篇論文中，他們以設計出富勒穹頂的建築師「理查・巴克敏斯特・富勒」的名字命名C_{60}，將這種物質取名為「巴克敏斯特・富勒烯」。

後來人們逐漸將其簡稱為「**富勒烯**」，而這個結構也被正式命名為「[60]富勒烯」。

順帶一提，據說克羅托教授年輕時曾立志成為建築師。

他會從建築物得到靈感，大概也跟這個背景有所關係吧。

另外，其實早在1970年，京都大學的大澤映二教授也曾以純理論提出足球造形分子C_{60}的存在。

可惜這篇報告是用日文撰寫，因此沒有傳布到歐美學者的耳中。

這項事實在後來其實也有告知歐美的學者了。

據說大澤教授是在看到兒子踢足球時靈光一閃想到的。

在這個時間點，科學界還只是發現有一種由60個碳原子組成的分子存在，至於這種分子的足球造形結構，還僅僅停留在推測的階段。

前面說過，研究團隊使用斯莫利教授的方法檢測到了大量的C_{60}，但換算成公克單位的話，其實也只有幾毫微微克（Femtogram）的量而已。

1毫微微克就是1公克的1000兆分之1。

所以，要使用其他分析儀器（核磁共振光譜法、紅外線光譜法、X光結晶學等〔p.88〕）來解析C_{60}的結構非常困難。

因為要確定分子的結構，必須先取得一定數量的分子。

如果只能製造出微量的分子，就沒辦法確定分子的構造呢……

話雖如此，因為分析儀器一直在改良，在時代演進後，如今已經能用少量的分子確定分子結構了

然後時間過了5年，在1990年時，物理學家沃爾夫岡・克萊齊默教授和唐納德・霍夫曼教授成功合成出以公克為單位的C_{60}。

他們利用了一種叫「電弧放電」的人工造雷方法來蒸發石墨。

只要有足夠量的C_{60}，就完全有可能解析出C_{60}的結構。

然後，科學家們終於確定C_{60}是足球造形的結構。

那麼，我們來稍微仔細看看C_{60}的結構。

已知這個分子是一種由六角形包五角形的結構。

為什麼會含有五角形呢？

這是因為假如完全由六角形組成，就只能像下圖的（A）一樣組成平面結構（石墨即是這種結構）。

而加入五角形後，就能像（B）這樣，形成略帶弧形的構造。

圖 5.7

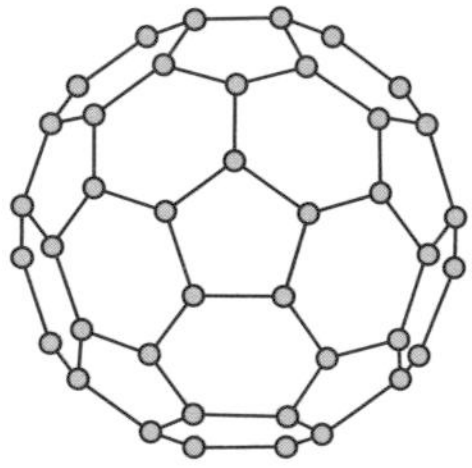

C_{60}
◎：碳原子
（省略了分子背面的碳原子）

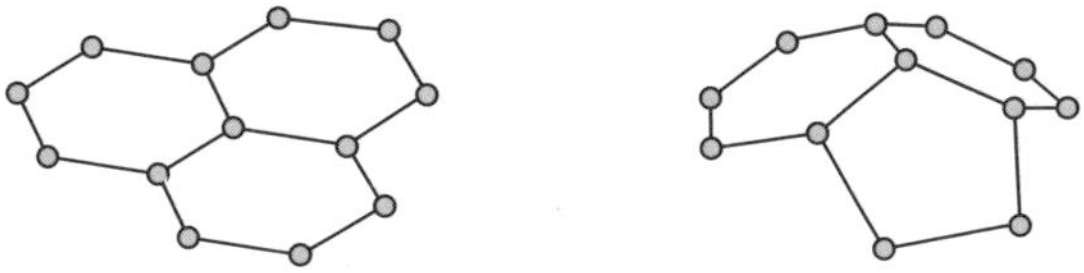

（A）   （B）

就這樣，科學家終於弄清了在偶然中發現的C_{60}分子的結構。

由於發現C_{60}的存在，柯爾教授、克羅托教授、斯莫利教授3人在1996年獲頒諾貝爾化學獎。

而若沒有克萊齊默教授和霍夫曼教授大量合成出C_{60}，科學家們也無法弄清C_{60}的真正結構，2人的貢獻也同樣難以估量。

只可惜，一如在3-2節曾說過的，諾貝爾化學獎同一年最多只能頒給3個人。

順帶一提，在發現C_{60}的同時，科學家也發現了C_{70}的存在。

它的結構類似一粒橄欖球。

C_{60}的正式名稱是[60]富勒烯，而C_{70}是由70個碳原子組成，所以就被命名為「[70]富勒烯」。

換言之，富勒烯其實是此類碳分子的統稱。

圖 5.8

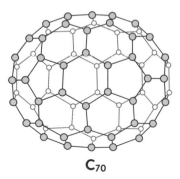

C_{70}

◎：代表正面側的碳原子。
○：代表背面側的碳原子。

除此之外還發現了C_{76}和C_{84}
等類似的分子喔。
現在，包含上述的這幾種分子在內，
這類分子都叫富勒烯

4　C_{60}的大量生產

現在，我們已經能夠使用石墨以外的原料來製造C_{60}。

比如燃燒苯或甲苯等含有碳元素的分子，產生含有C_{60}的煤，接著再使用液體藥劑溶解析出C_{60}。

利用這個方法，每年可以生產高達數十噸的C_{60}。

圖 5.9

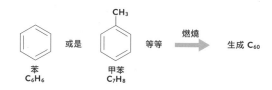

那麼，大量生產出來的C_{60}又有什麼用途呢？

科學家認為，C_{60}的結構很容易滾動，因此可以當成潤滑劑使用。

同時，也發現在潤滑油添加C_{60}，有降低摩擦力並減少磨損的效果。

實際上，也已經有廠商推出含C_{60}的機油（潤滑油）產品。

另外，也可以用於體育用品。

比如，有些保齡球中就有添加C_{60}，藉以減少球的摩擦力。

順帶一提，這是C_{60}最早的商品化案例。

除此之外，有些網球和羽毛球的球拍素材中也有添加C_{60}。

在球拍中添加C_{60}，具有提升強度的效果。

不僅如此，C_{60}也有抗氧化的作用，因此也被認為具有防止皮膚氧化的效用，被用於某些化妝品中。一般認為C_{60}的抗氧化機制，來自C_{60}會跟不好的活性氧發生化學反應的特性。

圖 5.10

使用的不見得是C_{60}本身喔。
有時也會視情況改變C_{60}的結構

看看它的用途，
就會發現它有很多不同效果呢！

是啊。除此之外，目前也有研究
如何將其應用在太陽能或醫療領域喔

5　自然界中的C_{60}

最後補充說明一下。

事實上，自然界中也存在天然的C_{60}。

本章我們有提到，當碳元素得到足夠高的能量（雷射或放電），或是燃燒含有碳元素的物質時，就會生成C_{60}。

而自然界存在大量的碳元素，所以有天然的富勒烯存在也不是什麼不可思議的事情。

在C_{60}開始大量生產後，人們又發現一種原產自俄羅斯，俗稱「次石墨（Shungite）」的礦物（碳含量99％）中也含有C_{60}。

此外，美洲一種叫「閃電熔岩（Fulgurite）」的石頭中也發現了C_{60}。

這可能是礦石遭到雷擊時獲得能量，使其中的碳元素結構發生變化，偶然形成的C_{60}。

除此之外，在恐龍滅絕時代的沉積物中也發現過C_{60}。

有一種假說，認為當時恐龍滅絕的原因，是小行星撞擊地球所導致。

推測在當時的地球，因為曾發生全球規模的森林大火，燒掉了很多含碳的物質。

然後在1994年，又有報告公布在太空中觀測到C_{60}（或是被宇宙射線照射而離子化的C_{60}^{+}）。

由這些發現可以得知，早在遠古時代，地球和太空中就存在著C_{60}。

以上便是一群鑽研於不同領域的研究者，在共同研究時偶然發現C_{60}的故事。

換言之，人類在從自然界發現之前，便先以人工方式製造出了C_{60}。

若不是這個偶然，C_{60}的研究可能會比現在還要落後很多呢。

本章的故事，顯示了不同領域的研究者們協力合作的重要性。

Chapter

6

製造可以導電的分子
聚乙炔

2000年諾貝爾化學獎
得獎者
艾倫・黑格
艾倫・麥克德爾米德
白川英樹
得獎原因
發現和發展了導電聚合物

1 什麼是高分子？

這一章要介紹的是於2000年榮獲諾貝爾化學獎的研究。

其研究內容是「**會導電的塑膠**」！

會導電的塑膠，被應用到我們身邊很多的電器產品之中。

塑膠這種材質幾乎不導電。這在過去曾經是常識。

塑膠幾乎不導電的最佳簡單例子，就是傳輸電力和通訊用的纜線。

電纜線中負責導電的部分是銅線（金屬），而為了防止漏電，才在銅線的外面會包覆一層塑膠。

而這項研究則顛覆了塑膠不導電的常識。

塑膠這種材質跟前面介紹的分子有點不一樣，是一種被歸類為「**高分子**」的物質。

首先解釋一下高分子是什麼樣的東西。

所謂的高分子，就是巨大分子的意思。

其實，我們在4-5節介紹過，由許多胺基酸串連而成的「蛋白質」也是一種高分子。

由於蛋白質可以在生物體內製造，同時也是構成生物體的高分子，所以蛋白質又特稱為「**生物高分子**」。

另一方面，**塑膠是透過化學反應人工製造的高分子。**

以下我們將要介紹的代表性塑膠分子之一，是一種名叫「聚乙烯（Polyethylene）」的高分子。

聚乙烯被大量用來製造食品用的保鮮膜、保存容器、塑膠袋、塑膠桶等等生活用具，因此應該很多人都聽過這個名詞。

而聚乙烯是由一種名叫「乙烯」的分子人工合成出來的。

乙烯的構造如次頁。

圖 6.1

H   H
　C＝C
H   H

乙烯

可以看到它是由碳原子（C）和氫原子（H）所構成。

這個結構的關鍵是C和C之間的2條線。

另外，聚乙烯的「聚（poly）」字是「很多」的意思。

換言之，聚乙烯就是由很多乙烯串連而成的東西。

如下圖所示，切斷乙烯的C和C之間的2條鍵之一後，就可以讓乙烯跟其他乙烯結合。

透過化學反應，便能讓乙烯一個接一個不斷往下串連。

圖 6.2

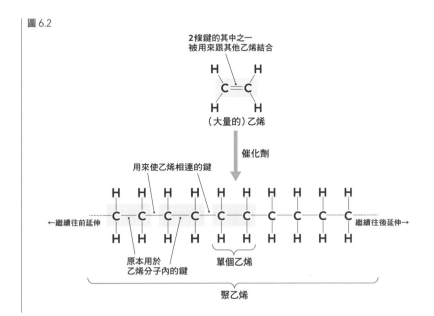

這個化學反應是使用
催化劑進行的喔

不斷重複相同過程,
讓乙烯一個接一個串連下去對吧

　　利用這個反應合成出的聚乙烯,整體的碳原子C的數量竟然可以達數百至數十萬之多。

　　像這種不斷把相同的分子相連組合出來,變成如此龐大的分子,就叫作「高分子」。

　　那麼多大的分子可以稱為高分子呢?一般來說,當分子量達到約1萬以上就被稱為高分子。

　　但高分子並不像NaCl或金屬(Fe或Cu等)一樣,結構可以無限地延伸下去。

　　儘管不能無限延伸,但跟O_2和H_2O,以及上一章登場的C_{60}等分子相比,高分子的分子量多了好幾個位數。

　　正是因為它的分子量非常大(高),所以才被稱為高分子。

　　歷史上第一個揭示這種巨大分子存在的人,是德國的**赫爾曼‧施陶丁格教授**。他在1953年拿到諾貝爾化學獎。

　　除了聚乙烯外,我們身邊還有很多高分子。

　　例如名為「聚對苯二甲酸乙二酯」的高分子。

　　各位可能沒有聽過這個名字,但如果寫成英語的話,你可能會突然感覺很親切。

　　它的英文名稱是Polyethylene Terephthalate,簡稱「PET」。

　　沒錯,就是寶特瓶的那個PET。

聚對苯二甲酸乙二酯是用來製作寶特瓶的材料，因此每年都被大量生產出來。

這種高分子是由「對苯二甲酸」和「乙二醇」這2種分子，在化學反應中交互串連組成。

圖 6.3

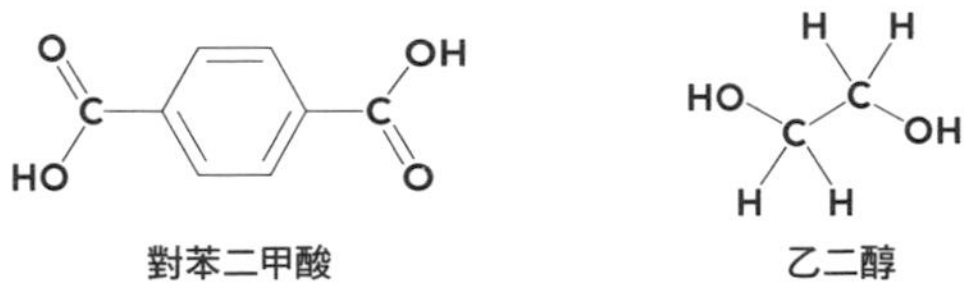

對苯二甲酸　　　　　　　　乙二醇

可以看到對苯二甲酸的結構中含有苯環。

而乙二醇的結構則跟之前登場過的乙醇相似。

然而，乙二醇不是用來製作飲用品，而是被用於生產化學製品的原料和防凍劑等產品。

這2種分子發生化學反應時，對苯二甲酸會失去OH的部分，乙二醇會失去H的部分，然後這2個部位會相連在一起。

此時，就會產生出1個H_2O。

圖 6.4

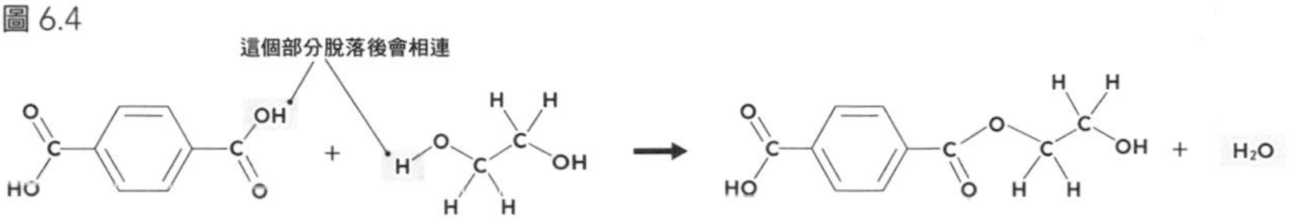

這個部分脫落後會相連

重複相同的流程，即可將大量的對苯二甲酸和乙二醇串連起來。

換言之，就變成接下來的這樣子。

圖 6.5

←繼續往前延伸

繼續往後延伸→

跟聚乙烯不一樣，
是2種不同分子
交互相連組成的高分子！

　　假設串連的次數是 n 次時，可以寫成下面這樣。

圖 6.6

n 用於表示「某數」。

　　舉個例子，如果 n 等於3，就代表這個分子是由3組括號內的結構相連而成。

　　換言之，就是括號內的結構反覆串連的意思。

　　在高分子領域，常常會使用這樣的表示方法。

　　順帶一提，最兩端的OH和H會保留下來，但通常會省略不寫（也有些時候不會省略）。

　　另外，聚對苯二甲酸乙二酯的原料，有時不使用對苯二甲酸，而是用次頁這種結構稍微改變過的分子。

圖 6.7

加熱這個分子和乙二醇（150〜300℃），就可以產生聚對苯二甲酸乙二酯。

聚乙烯和聚對苯二甲酸乙二酯的特性之一，是可以藉由高熱或高壓，或者兩者兼用來改變形狀，且在溫度和壓力下降後也不會變回來，可以保持變化後的形狀。

這一類容易塑形，便於用來製造各式各樣產品的高分子，就會被歸類為塑膠。

我們生活中的寶特瓶就存在各種五花八門的形狀，相信各位應該不難想像這種性質。

除了上面介紹的這2種外，塑膠還有其他很多種類，以下再列舉其中的一部分。

圖 6.8

聚氯乙烯
使用範例：硬水管、電線包皮

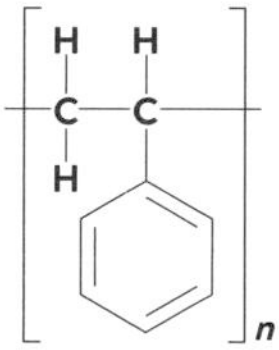

聚苯乙烯
使用範例：保麗龍、塑膠模型

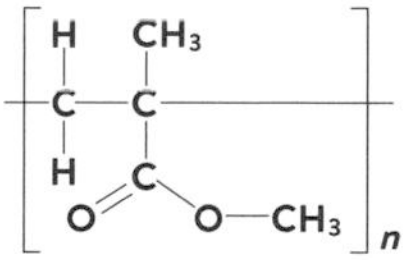

聚甲基丙烯酸甲酯
使用範例：飛機的窗戶、大型水族箱的玻璃（水族館）

接著我們再多看看幾個高分子的例子。

高分子也可以當成纖維使用，成為製造衣物的材料。

看看衣服上面的標籤，相信你會發現很多衣物都有用到「聚酯」這種素材。

其實，聚酯分成很多不同的種類，其中最代表性的材質之一，就是先前介紹的聚對苯二甲酸乙二酯。

其他代表性的纖維，還有「尼龍6」這種高分子。

這種高分子除了製造衣物外，也用來製造釣魚線。

至今為止介紹的所有高分子皆如開頭所述，是利用化學反應人工製造的產物，而它們的原料基本上都是來自石油。

另一方面，生活用品中會使用到的高分子之中，也有來自植物性原料的「纖維素」和「聚異戊二烯」等等。

圖 6.9

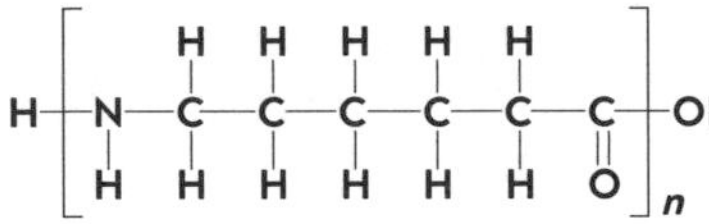

尼龍6
化學反應合成
使用範例：衣物、釣魚線

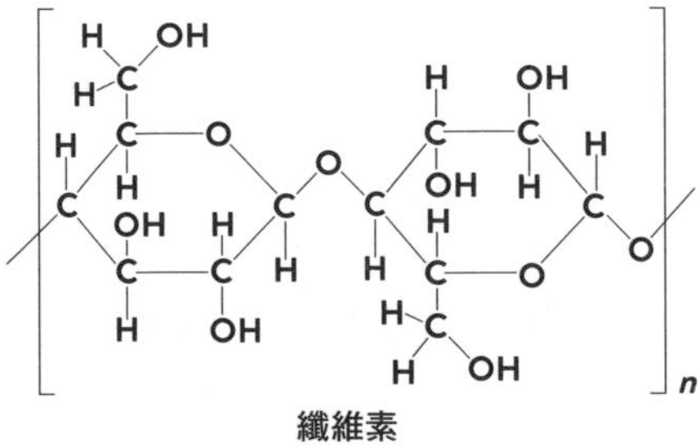

纖維素
從植物棉中取出的纖維主成分
可加工成棉布
使用範例：衣物

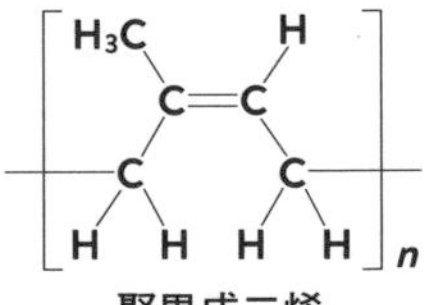

聚異戊二烯
從橡膠樹中取出的樹液主成分
可加工成天然橡膠
使用範例：橡皮筋、輪胎、軟水管

原來也有使用到
來自植物的高分子啊！

順帶一提，也存在用
化學反應合成的聚異戊二烯喔。
這種材質叫做合成橡膠

　　由以上可以知道，各種不同的高分子被用來生產我們生活中的用品，是非常有用處的東西。

2　發現的關鍵：聚乙炔

　　本章的主題是會導電的塑膠。

　　所以我們先稍微複習一下電學相關的知識。

　　可以導電的代表性物質有銅或鐵等金屬。

　　如同在前面1-4節稍微說明過的，在金屬的內部，**電子可以自由地到處移動**（p.40）。

　　而電子的移動也就是所謂的電流（導電）。

　　相較於金屬這種容易導電的物質，石頭、玻璃或橡膠等物質幾乎不能導電。

　　一如先前所述，塑膠也幾乎不能導電，這本來是大家都認同的常識。

　　然而，**艾倫・黑格教授、艾倫・麥克德爾米德教授**以及**白川英樹教**

授，卻研發出了會導電的塑膠。

　　因為這項革命性的重大發現，這3位教授一同在2000年拿到諾貝爾化學獎。

　　那麼，本節我們就來看看會導電的塑膠是如何被研發出來的吧。

Alan Heeger
艾倫・黑格
（1936－）

Alan Mac Diarmid
艾倫・麥克德爾米德
（1927－2007）

Hideki Shirakawa
白川英樹
（1936－）

　　開啟這項發現的鑰匙，乃是由一種名叫「乙炔」的分子，組合而成的高分子「**聚乙炔**」。

　　首先，我們來看看乙炔的結構。

　　以下是乙炔跟聚乙烯的原料「乙烯」的比較圖。

圖 6.10

$$H-C\equiv C-H \qquad \underset{H}{\overset{H}{C}}=\underset{H}{\overset{H}{C}}$$

乙炔　　　　　　　乙烯

兩者的碳原子數相同，但乙炔少了2個氫原子。

還有，乙烯的碳原子和碳原子之間的連線有2條鍵，但乙炔有3條。

接著，再來看看聚乙炔的結構。

圖 6.11

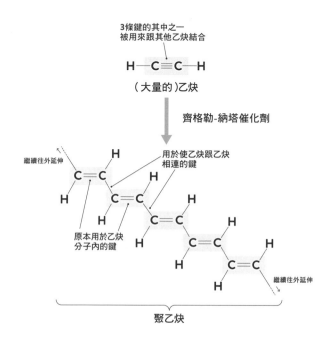

3條鍵的其中之一
被用來跟其他乙炔結合

H—C≡C—H

（大量的）乙炔

齊格勒-納塔催化劑

用於使乙炔跟乙炔
相連的鍵

繼續往外延伸

原本用於乙炔
分子內的鍵

繼續往外延伸

聚乙炔

跟生成聚乙烯時的
化學反應一樣！

是啊。
不過，要注意氫原子的數量
和化學鍵數量不一樣喔

使用「齊格勒-納塔催化劑」這種催化劑進行化學反應，便可使乙炔一個個串連起來，形成高分子聚乙炔。

催化劑就是幫助化學反應進行的輔助物（p.49、p.71）。

此時，乙炔本身擁有的3條鍵的其中1條會被切斷，改為使用於化學反應中。

乙烯變成聚乙烯的時候，也同樣只切斷1條鍵對吧（p.121）。

其實，在合成聚乙烯的化學反應中，也使用了同類型的催化劑。

代表性的齊格勒-納塔催化劑的化學式是$TiCl_4 - Al(C_2H_5)_3$，本次登場的白川英樹教授使用的催化劑則是$Ti(OC_4H_9)_4 - Al(C_2H_5)_3$。

「Ti」是「鈦」金屬的元素符號。

相信很多人都聽過「鈦合金」或「鍍鈦」等辭彙。

「Al」是「鋁」金屬的元素符號。

鋁是鋁罐和日幣1元硬幣的材料，是生活中常見的金屬。

而這種催化劑含有這2種金屬。

由於發現這種催化劑，身為開發者的德國科學家**卡爾・齊格勒教授**（1898–1973）和義大利科學家**居里奧・納塔教授**（1903–1979）在1963年拿到諾貝爾化學獎。

回到聚乙炔的話題。

1958年，納塔教授的團隊成功合成出聚乙炔。

當時，他們合成出來的聚乙炔是黑色粉末的形態。

因為這種粉末即使加熱也無法融化，十分難以加工，所以很難跟其他塑膠一樣拿來當成製造物品的材料。

而且，這種黑色粉末無法溶於任何一種液體藥劑。

能溶於液體藥劑，也是為塑膠加工塑形的重要步驟。

例如，有些塑膠可以溶於液體藥劑中，再塗抹在玻璃上，等液體藥劑乾掉後，塑膠成分就會以薄膜的狀態留在玻璃上。

透過這種方法，就能輕鬆將塑膠加工成薄膜狀。

另外，納塔教授的團隊也研究了聚乙炔黑色粉末的導電性，結果發現

這種粉末的導電性並不良好。

　而在當時身為諾貝爾化學獎得主之一的白川英樹教授，也正著手研究聚乙炔。

3　出於偶然的發現

　白川英樹教授詳細研究了聚乙炔生成時的化學反應。

　就跟哈伯-博施法和鈴木-宮浦偶合反應的發現故事一樣，白川教授也研究了聚乙炔化學反應的機制（參照p.53、p.75）。

　然後在1967年，白川教授的研究朝著預想外的方向邁進了一大步。

　當時有一位來自韓國的研究生來拜訪白川教授，表示希望親自體驗聚乙炔的合成過程。

　沒想到在實驗過程中，不知為什麼他竟多加了比原本多1000倍的齊格勒-納塔催化劑！

　不知道是因為教授標錯了數字，還是研究生看錯了數字，又或者他忘記先稀釋藥劑而直接加了藥劑的原液……當時的真相已經不得而知（最後一種可能性應該最高）。

　總而言之，在加了1000倍濃度的催化劑後，化學反應中生成的聚乙炔形狀竟然發生了變化。

　最後生成出的不是黑色粉末，而是薄膜狀的聚乙炔。

　而且，這種薄膜狀的聚乙炔還有著像金屬一樣的光澤。

　這種形狀看起來不僅可以直接當成塑膠材料使用，而且外觀看上去似乎具有導電性。

　次頁是這個化學反應過程的示意圖。

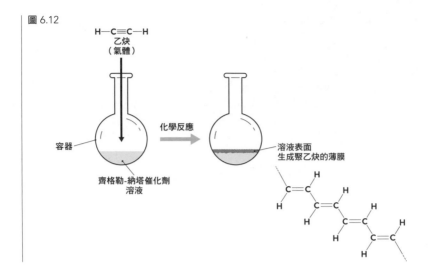

圖 6.12

由於加入的催化劑分量比原本多出了1000倍，因此化學反應的速度變得很快。

大量的催化劑跟加入容器內的乙炔，在接觸溶液表面的瞬間迅速發生反應，就形成了薄膜。

生成出來的東西明明跟黑色粉末一樣都是聚乙炔高分子，真的很不可思議呢。

白川教授並未將這場失敗的實驗單純當成失敗收場。

不僅如此，他開始嘗試製造形狀更漂亮的聚乙炔。

如同次頁的圖所示，他設計出了一個方法，讓薄膜可以生成在容器的壁面上。

結果，白川教授成功生成出了如鋁箔般非常薄，並且又閃閃發光的薄膜。

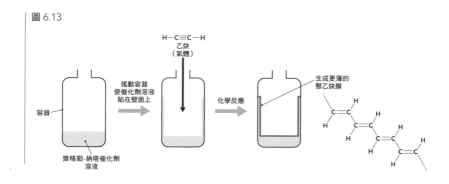

圖 6.13

隨後，白川教授又分析檢驗此方法產生的薄膜是否可以導電。

然而，與其金屬般的外觀相反，這種薄膜狀的聚乙炔依然是不太能夠導電的狀態。

4　會導電的塑膠

在前一節的發現後又過了幾年，時間來到1975年，美國賓夕法尼亞大學的麥克德爾米德教授造訪了日本。

他是跟白川教授一同拿到諾貝爾獎的3位化學家之一，是專門研究無機化學領域的學者。

麥克德爾米德教授對白川教授製造出來的薄膜狀聚乙炔很有興趣，提議兩人一起研究。

於是白川教授在麥克德爾米德教授的邀請下，前往美國賓夕法尼亞大學一起展開共同研究。

就這樣，白川教授邂逅了當年的另一位諾貝爾得主黑格教授。

黑格教授的研究專長是物理學。

而白川教授的研究領域則是聚乙炔一類的高分子，換言之這3位教授的專長各不相同。

這個情況是不是跟上一章發現富勒烯時很相似呢？

跨領域的共同研究，似乎更容易產生新發現。

而後來成為這項研究關鍵的鑰匙，是一種稱為「**碘**」的元素。

碘的元素符號是「I」，分子通常以「I_2」的狀態存在。

在我們的生活中，被當成消毒藥水的「碘酒」就含有碘。

碘的性質是稍微容易帶負電荷的。

容易帶負電，意味著它跟NaCl的Cl變成Cl^-一樣（p.39），容易接收電子變成負離子「I^-」。

順帶一提，人類也會透過食物和飲水來攝取碘進入體內。

我們體內的小腸會吸收I^-，在名為甲狀腺的器官利用碘製造並且分泌荷爾蒙。

白川教授等人嘗試透過在聚乙炔中加入I_2，來使塑膠得到導電性。

那麼下面我們就來仔細看看，當聚乙炔跟I_2發生化學反應時，究竟會發生什麼事吧。

要理解這個過程，首先必須詳細觀察聚乙炔的結構。

首先，下面來看看聚乙炔的原料——乙炔的化學結構。

化學鍵除了可以用線來表示外，也可以用其他寫法來表示。

圖 6.14

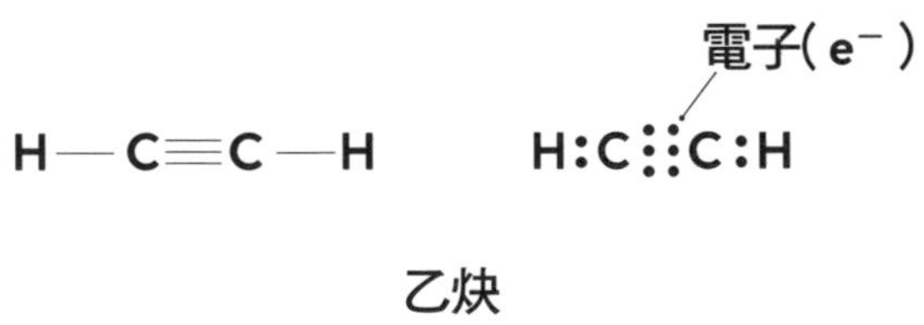

電子(e^-)

H—C≡C—H   H:C⋮⋮C:H

乙炔

134

右邊的寫法是
第一次出現呢！

這種寫法叫路易斯結構式
或電子點結構喔

圖中的●代表電子。

以前我們用直線來代表的化學鍵，本質其實是原子所擁有的電子。

2個原子各拿出1個電子，一起共享2個電子，就形成了1條化學鍵。

順便再看看其他例子，確認一下它們的電子點結構吧。

就如同下面的氮氣分子，也是有一些分子擁有沒有用於化學結合的剩餘電子。

圖 6.15

H—H　　　　N≡N　　　　H   H
　　　　　　　　　　　　　　　 C=C
　　　　　　　　　　　　　　　H　　H

　　　　　　　剩餘電子

H:H　　　　　:N⋮⋮N:　　　H ·· H
　　　　　　　　　　　　　　　C::C
　　　　　　　　　　　　　　H　　H

氫氣　　　　　氮氣　　　　　　乙烯

既然電子帶負電（e⁻），那麼分子不是應該會變成帶負電的離子嗎……你是不是正為此感到納悶呢？

其實，每個原子的中心還存在著另一種帶有正電荷，名叫「**質子**」的粒子（它在p.27的週期表一節稍微出場過）。

當帶正電的質子和帶負電的電子數量相同時，2種電荷就會達成平衡，使分子整體既不帶正電也不帶負電，呈現電中性。

　　例如，分子之所以會變成帶負電的離子，通常是因為得到新的電子，使電子的總數超過質子，就像Cl獲得電子而變成Cl⁻一樣，

　　而Na在失去電子變成Na⁺時，由於質子的數量變得比電子更多，所以就變成帶正電的離子。

圖 6.16

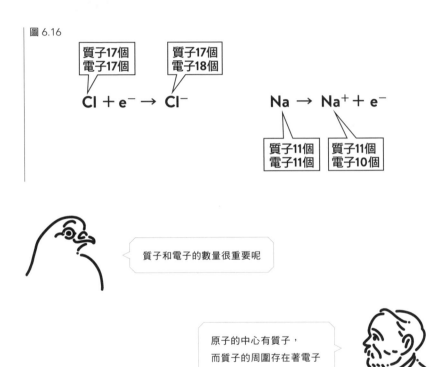

質子17個
電子17個

質子17個
電子18個

$$Cl + e^- \rightarrow Cl^-$$

$$Na \rightarrow Na^+ + e^-$$

質子11個
電子11個

質子11個
電子10個

質子和電子的數量很重要呢

原子的中心有質子，
而質子的周圍存在著電子

　　接著，我們來詳細看看聚乙炔的結構吧。

　　聚乙炔的碳原子和碳原子之間有2條化學鍵，這裡為了方便說明，第一條用線，第二條則用●來表示。

圖 6.17

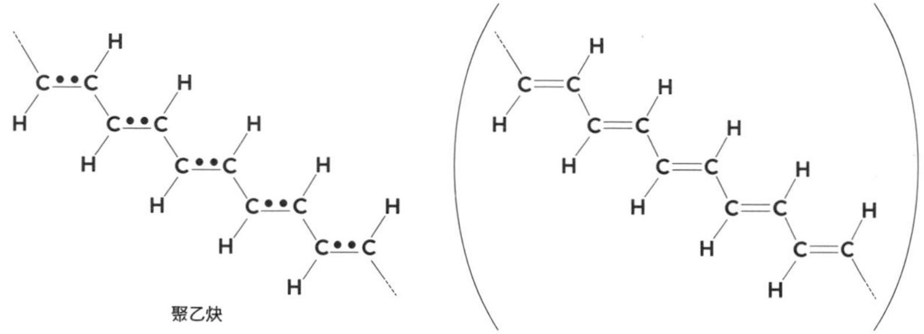

聚乙炔

其實，這裡第二條鍵的電子所形成的結合比第一條鍵更弱。

如下圖所示，●代表的電子距離稍微有點距離，因此只有稍微結合在一起。

圖 6.18

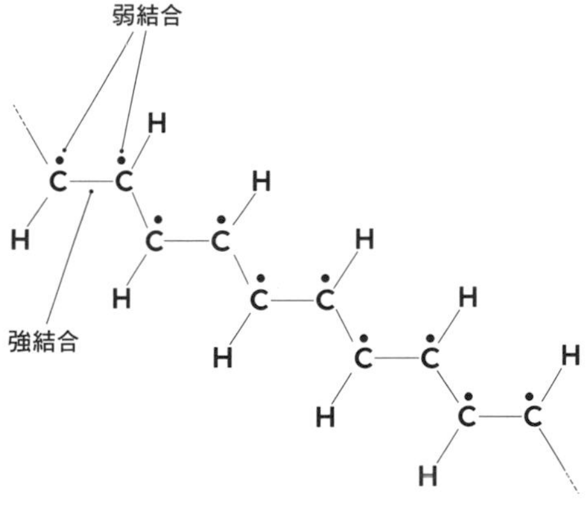

弱結合

強結合

在這個時間點，聚乙炔幾乎不導電。

如果此時加入碘的話，會發生什麼事呢？

p.139的圖詳細畫出了結果。

首先，（1）I$_2$會拿走聚乙炔中結合力較弱的那個電子。

於是，（2）原本帶有負電的電子被拿走之後，碳原子就會變成帶正電的狀態。

（3）此時對聚乙炔施加電壓，電子會被碳原子產生的正電荷吸引，朝單一方向移動。這種電子的移動現象會陸續發生，同時碳原子上的正電荷也會跟著移動。

在4-4節的質譜儀單元，我們說過當帶正電的離子移動時，電流便會產生（p.92）。

而如同這裡所介紹的例子，當正電荷移動時，也同樣會產生電流。

換句話說，只要拿走聚乙炔的電子，使其帶正電，就能使聚乙炔變成有電流通過的狀態。

圖 6.19

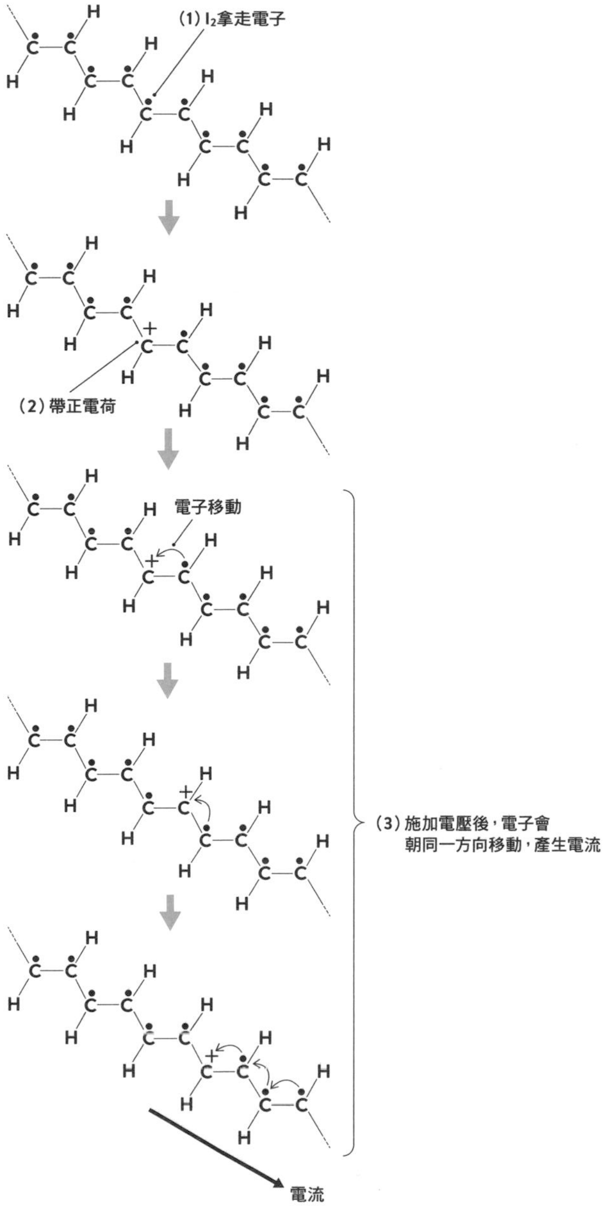

(1) I₂拿走電子

(2) 帶正電荷

電子移動

(3) 施加電壓後，電子會
朝同一方向移動，產生電流

電流

但這個理論在當時還沒有明確建立起來。

不過，白川教授以前曾在一場研討會上，聽過某個研究在不易導電的物質中加入其他物質後，使其該物質增加導電性。

因此，早在他還在日本做研究的時候，他就對薄膜狀的聚乙炔試驗過各種藥劑。

然而，由於缺乏可以測量**電導率**（表示電是否容易通過）的設備，白川教授一直無法進行精確的測量。

在賓州大學獲得充足的實驗設備後，白川教授便跟其他2位教授討論，使用碘（I_2）來進行實驗。

如果順利的話，就能製造出具有良好導電性的塑膠。

結果在實驗加入碘後，他們發現薄膜狀的聚乙炔展現出非常良好的導電性。

其電導率居然是沒有加碘的聚乙炔的10億倍！

跟碘產生化學反應之後，聚乙炔得到了足以匹敵銅或是鐵等金屬的電導率。

順帶一提，由於聚乙烯的C－C鍵只有1條（p.121），所以就算加了碘也還是不能導電。

必須是像聚乙炔那樣，雙鍵和單鍵交替排列的結構才行。

其實白川教授他們
在用I_2之前也實驗了Br_2（溴分子）。
Br_2也會從聚乙炔拿走電子變成Br^-喔

那使用溴元素的話，
電導率會提高多少呢？

跟溴反應的話可提升1000萬倍的電導率，
據說這電流遠遠超出教授們的預測，
結果還弄壞了昂貴的檢測器呢

　　而像這種藉由加入少量雜質來大幅改變物質性質的方法，就叫作「**摻雜**（Doping）」。

5　實用化案例

　　於是，在這項顛覆常識的發現問世後，科學家陸續開發出其他各種可以導電的塑膠。

　　以下介紹2個已經實用化的具體案例。

圖 6.20

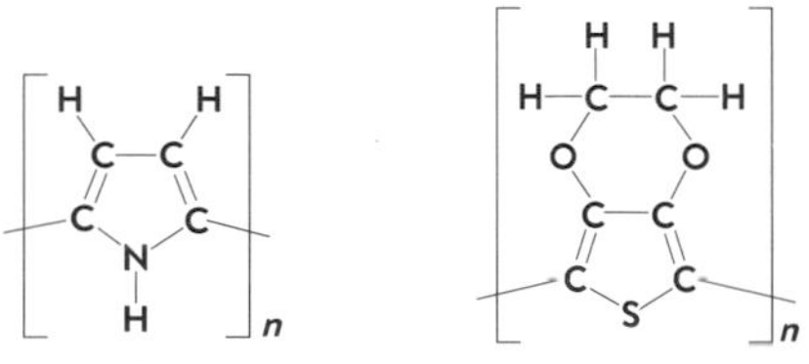

聚吡咯

PEDOT
（S是硫原子）

　　這2種高分子在摻雜了I_2這種會奪走電子的物質後，也會跟聚乙炔一樣變得非常容易導電。

下圖展示了聚吡咯和PEDOT的詳細結構。

請仔細注意那些上色強調的部分，就可以清楚看到它擁有跟聚乙炔相似的結構。

圖 6.21

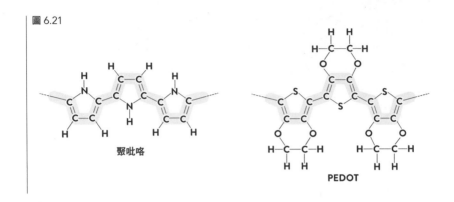

聚吡咯

PEDOT

2個結構都好複雜……！

請留意跟聚乙炔相似的部分喔

這2種塑膠都被用來製造電器相關的產品。

例如用於製造電子機器的必備零件電容器、OLED、防止電子機器被靜電損壞的抗靜電膜等等。

實際應用時，會針對每種產品加工成適合的形態。

當然金屬也可以導電，但純金屬材質在加工時會有某些限制。

而且，塑膠具有重量比金屬更輕盈的優點，可以讓電子機器更好搬運

攜帶。

　　以上便是導電塑膠的故事，各位讀完有什麼感想呢？

　　始於一場實驗疏失的新研究，最後演變成化學史上的重大發現，真的很有趣對不對。

　　順帶一提，白川教授在國中時代的畢業文集中，就已經舉出了當時塑膠的問題，並說自己未來希望改良和研發塑膠材料。

　　據說讓他立下這個志願的契機，是因為當時用來包便當的聚氯乙烯（p.124）製包袱巾，遇熱會變形並且用久了之後會固定成便當盒的形狀，變得不易使用。

　　白川教授曾公開說過自己會得到諾貝爾獎「絕對不是因為貫徹了國中立下的目標」。

　　即便如此，能在國中時代就提到塑膠材料的問題，並寫下這篇提及了未來研究題目的超齡作文，仍令我大為震驚。

　　那麼，下一章也是跟電有關的研究。

　　我們要講解智慧型手機和電腦等充電式電器產品不可或缺的「鋰離子電池」。

　　本章介紹的導電塑膠，也跟這種電池的研發有些關係，請務必繼續讀下去！

Chapter

7

小巧輕盈
電力又強大的電池
鋰離子電池

2019年諾貝爾化學獎

得 獎 者

約翰・古迪納夫

史丹利・惠廷安

吉野 彰

得獎原因

開發出鋰離子電池

1　改變世界的鋰離子電池

　　2019年的諾貝爾化學獎，頒給了研發「**鋰離子電池**」的**約翰‧古迪納夫教授**、**史丹利‧惠廷安教授**，以及**吉野彰教授**。

John Goodenough　　*Stanley Whittingham*　　*Akira Yoshino*
約翰‧古迪納夫　　　**史丹利‧惠廷安**　　　　**吉野 彰**
（1922−）　　　　　　　（1941−）　　　　　　　（1948−）

　　這種電池的優秀之處，在於它又小又輕，卻蘊藏著巨大電力，而且可以多次充電。

　　在這種擁有眾多優點的電池問世後，電器產品變得可以小型化後隨身攜帶了。

　　現在，智慧型手機或筆記型電腦能夠如此普及，可以說都得歸功於這種電池。

　　由於它又小又輕並且充滿電力，所以這種電池也很適合安裝在小型無人機上。

　　另外，電動車或油電混合動力車也有使用鋰離子電池。

在本章，我們將說明這種「鋰離子電池」的研究。

電池竟然
也跟化學有關呢！

沒錯。
本章會提到很多原子和離子喔。
將會從電池的基本原理開始講解，
請按部就班讀下去

2　電池的基本原理

在進入主題前，我們先以最早期的電池為例，講解電池的基本原理。

在1836年發明的「丹尼爾電池」，據說是最早被實際應用在產業中的電池。

基本上，電池是使用金屬的化學反應來產生電力。

而丹尼爾電池使用了「鋅」和「銅」這2種金屬。

這2種金屬的元素符號分別是「Zn」和「Cu」，都是前面已經登場過的元素。

而電池的原理，便是電子從其中一種金屬移動至另一種金屬。

前面說過，當電子這種帶有電荷的粒子產生移動時，就會產生電流（p.41）。

其實，「電子的移動」和「電流」是完全相同的意思。

關於這一點我們稍後會再說明。

那麼，話題回到丹尼爾電池的原料鋅（Zn）和銅（Cu）。

Zn和Cu都是金屬。

我們在鈴木-宮浦偶合反應中稍微有提到過，金屬原子基本上都具有容易變成正離子的傾向（3-3節，p.68）。

換言之，**金屬容易放出電子。**

NaCl中的Na也是比較容易變成正電荷對吧（Na也是金屬原子）。

換句話說，Zn和Cu都是容易變成正離子的原子。

同時，**Zn的性質又比Cu更容易變成正離子。**

$$Zn > Cu$$

←更容易變成正離子

請牢記這一點，然後繼續往下看看丹尼爾電池的構造吧。

圖 7.1

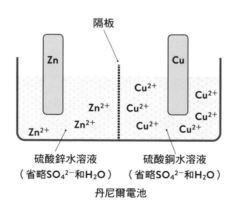

丹尼爾電池

圖中，塊狀的Zn和Cu是泡在水溶液中的狀態。

這種用於電池的金屬，通常稱為「**電極**」。

Zn的電極是浸泡在「硫酸鋅」溶於水後形成的液體（硫酸鋅水溶液）。

硫酸鋅的化學式是「$ZnSO_4$」。

另一方面，Cu的電極浸泡在「硫酸銅」溶於水後形成的液體（硫酸銅水溶液）中。

硫酸銅的化學式是「$CuSO_4$」。

在水中，$ZnSO_4$會分解成Zn^{2+}和SO_4^{2-}，$CuSO_4$會分解成Cu^{2+}和SO_4^{2-}。

溶於水後就被分解的原因，就跟NaCl溶於水的情況相同（p.39）。

NaCl也是被分解成Na^+和Cl^-對吧。

Zn^{2+}（鋅離子）和Cu^{2+}（銅離子）的右上角都有2＋的符號對吧。

這符號的意思是，它所帶的正電荷是Na^+的2倍。

SO_4^{2-}（硫酸根離子）也同樣有2－的符號，意思是它的帶負電是Cl^-的2倍。

無論NaCl、$ZnSO_4$還是$CuSO_4$，將它們的正離子和負離子數字全部相加之後都會是0。

然後，接著如下圖在Zn和Cu的電極裝上導線和小燈泡後，Zn的電極會往導線釋放電子（e^-），往Cu的電極移動。

圖 7.2

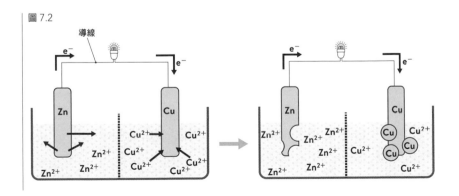

我們用化學式來表示這個過程。

跟Na變成Na⁺的化學式（p.39）相比，會發現鋅釋放的電子是2倍。

$$Zn \rightarrow Zn^{2+} + 2e^-$$

一如先前所述，電子產生移動就等於有電流產生，因此裝在導線上的小燈泡才會發亮。

在Zn的電極釋放出電子的同時，Zn會變成Zn^{2+}（鋅離子），溶出到水溶液中。

在這張圖的右側，電極的Zn會減少，而水中的Zn^{2+}會逐漸增加。

另一方面，Cu的電極不會釋放出電子。

這是因為如同剛剛所述，Zn比Cu更容易釋放電子。

從Zn的電極釋放出來的電子，會朝向Cu的電極移動。

由於Cu很容易帶正電，所以它沒辦法接收這些電子。

所以最後接收電子的，是預先溶於水中，由Cu失去電子後變成的Cu^{2+}（銅離子）。

$$Cu^{2+} + 2e^- \rightarrow Cu$$

看看前面那張圖的右側，會發現電極的Cu體積逐漸增加，而水中的Cu^{2+}逐漸減少。

如上所述，這就是為什麼我們可以使用導線連接2種不同金屬，使電子在導線上流動，並讓導線上的小燈泡發光。

總而言之，就是**將化學反應產生的能量轉變成電能**。

順帶一提，這2種水溶液必須用隔板分隔，避免硫酸鋅水溶液跟硫酸銅水溶液輕易混合（隔板不是要讓水溶液中的離子完全不能通過）。

如果完全沒有區隔，水溶液中的Cu^{2+}會太容易到達Zn的電極，會直接從Zn那裡拿到電子（$Cu^{2+}+2e^-\rightarrow Cu$）。

如此一來，電子就不會通過導線了。

接著，我們繼續講解現代生活中常常看到的「乾電池」原理。

代表性的乾電池種類有含錳（元素符號Mn）金屬的鋅錳電池，以及鹼性（錳）電池。

這種電池的內部構造跟丹尼爾電池不同，但原理是一樣的。

在乾電池的內部構造也有2個電極，會從俗稱的負極放出電子，然後流向正極。

要注意的是，雖然記起來有點麻煩，但電力流動（電流）的方向跟電子移動的方向是相反的。

之所以會如此，是因為早期的科學家還不是很清楚電子是什麼，便擅自決定（定義）了電流是從正極流向負極。

圖7.3

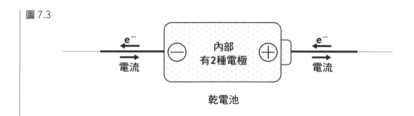

相反地，在講解質譜儀時提到的正離子移動（4-4節，p.92），以及聚乙炔碳原子上的正電荷移動（6-4節，p.138），這些的方向都跟電流的方向相同。

那麼下面我們就來看看乾電池的其中一種——鋅錳電池的內部構造。

在這種乾電池中，發生化學反應的是鋅（Zn）和二氧化錳（MnO_2）這2種物質。

雖然形式和設計跟丹尼爾電池不一樣，但鋅錳電池同樣是由Zn釋放電子。

而負責接收電子的，當然就是MnO_2。

圖 7.4

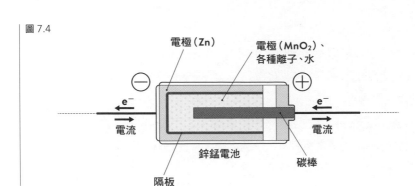

電極（Zn）

電極（MnO$_2$）、
各種離子、水

$-$　e$^-$　電流　　　　　　$+$　e$^-$　電流

鋅錳電池

碳棒

隔板

若沒有「隔板」的部分，
這些電極就會
碰在一起（短路）
而有劇烈反應，非常危險

「碳棒」是
做什麼用的？

碳棒的功能
是用來引出電流喔

以上，我們以丹尼爾電池和鋅錳電池為例，講解了電池的基本原理。
不論電池的形狀如何改變，其基本原理都是相同的。

3 充電的原理

前一節介紹了電池的「**放電**」現象。

接著，我們要講解電池的「**充電**」現象。

在電池充電的時候，內部究竟發生了什麼事呢？

雖然實際上這種電池不能當成充電電池使用，但為了方便理解，本節我們再次以丹尼爾電池為例來說明充電的原理。

首先，下圖是Zn的電極幾乎消耗殆盡的狀態（左側）。

在這張圖中，當我們使用乾電池充電時，電子會從乾電池的負極放出，從正極進入。

電子的移動方向跟丹尼爾電池的放電現象時相反對吧。

換言之我們藉由乾電池的力量，讓電池發生跟放電時相反的現象。

圖 7.5

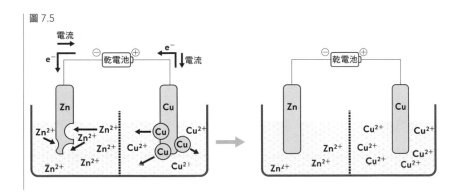

首先，先把在Zn的電極上所發生的事情寫成化學式。

水溶液中的Zn^{2+}跟電子反應，變回Zn，然後吸附在電極上。

$$Zn^{2+} + 2e^- \rightarrow Zn$$

另一方面，在Cu的電極上，電極的Cu會變成Cu^{2+}溶出到水溶液中，換言之Cu會從電極剝落。

$$Cu \rightarrow Cu^{2+} + 2e^-$$

這2個反應跟放電不一樣，不會自然發生，必須使用乾電池才能進行。

換句話說，所謂的充電就是使用其他電池（或是插上插座），**促使電池發生跟放電時相反的反應**。

另外，若實際對丹尼爾電池充電的話，硫酸銅水溶液中的Cu^{2+}有可能會慢慢穿過隔板跑到左側，並接收電子變成Cu，吸附在Zn電極上（$Cu^{2+} + 2e^- \rightarrow Cu$）。

因此，丹尼爾電池即使充電了也不一定能恢復放電前的狀態，就像前面所說的，這種電池實際上並不能當成充電電池使用。

4　鋰電池

那麼，在進入本章主題的鋰離子電池前，我們還要再說明一下「鋰電池」這東西。

這種電池比鋰離子電池更早發明出來。

它的名字似乎只比鋰離子電池少了「離子」2個字，那麼實際上這到底是什麼樣的電池呢？

次頁是鋰電池的模式圖。

圖 7.6

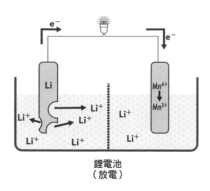

鋰電池
（放電）

鋰電池左側的電極一如其名，就是一種名叫「鋰」的金屬。

這種金屬在3-3節曾登場過一次，元素符號是「Li」（p.67）。

在放電時，這個鋰的電極會釋放出電子。

放出1個電子後，鋰原子會變成鋰離子「Li^+」。

順帶一提，由於Li很容易跟水發生化學反應，所以鋰電池內部使用的液體是有機溶媒（油性液體）。

$$Li \rightarrow Li^+ + e^-$$

放出的電子會朝另一邊的電極移動。

而另一側的電極，則是剛剛也出場過的錳（Mn），化學式寫成Mn^{4+}。

Mn^{4+}會從導線接收1個電子，然後變成Mn^{3+}。

因為吸收了1個電子，所以錳的＋數也減少了1。

$$Mn^{4+} + e^- \rightarrow Mn^{3+}$$

另外，這裡的化學式是經過簡化的版本。

右側的電極實際上是以MnO_2的形式存在。

因此正確的化學式應寫成「$MnO_2 + Li^+ + e^- \rightarrow LiMnO_2$」，而$MnO_2$會從$Li^+$拿到電子。

接收電子的右側電極實際上用到了
FeS（硫化鐵）、CuO（氧化銅）、（CF）_n（氟化碳）、
$SOCl_2$（亞硫醯氯）等各種物質喔

原來也有用到
不含金屬的物質啊……

是啊。
不過，原理還是相同的

接著，我們來說說鋰電池的優點。

使用Li當其中一邊的電極，有個非常大的好處。

這是因為，Li是一種非常容易變成正離子的金屬。

它比前面登場的Zn更容易變成正離子。

$$Li > Zn > Cu$$

←更容易變成正離子

鋰電池跟過去的其他電池相比，擁有非常大的電力。

主要的原因就是Li非常容易離子化。

換言之，電極的Li會以很快的速度變成Li^+溶出，從電極釋放出大量電子。

由於電力很強，所以鋰電池可以做得非常小，比如用來生產鈕扣電池

這種產品（也有圓筒型的鋰電池）。

鈕扣電池的內部構造跟圖7.6不同，但原理和電極材料是一樣的。

同時，鋰也是最輕的金屬，具有可使電池輕量化的好處。

由上可知，鋰電池是一種擁有非常驚人的電力，而且又輕又小的優秀電池，但它也有缺點。

那就是它沒辦法當成充電電池。

能不能充電，對於電池是一件很重要的事。

以我們身邊的事物為例，智慧型手機就必須每天充電才能使用。

至於鋰電池為什麼無法充電，下面我們就來詳細看看其中的原因。

之前說過，替電池充電的時候，電子會朝跟放電時相反的方向移動。

而在鋰電池中，液體內的Li^+會接收電子產生Li，然後吸附在左側的電極上（$Li^+ + e^- \rightarrow Li$）。

此時，電極表面會變成凹凸不平的狀態。

而在隨著一次次的放電和充電，這個突出物會愈來愈大，變成如同下面圖所畫的狀態。

圖 7.7

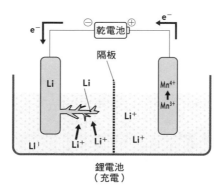

這種枝狀（像樹枝一樣）的突出物會逐漸伸長，最後弄破隔板，碰到另一邊的電極。

而這個突出物當然是由Li形成的，所以在碰到電極後，電流會直接在
2個電極之間大量流動。

結果，電池內部的溫度會上升，甚至有可能爆炸，非常危險。

這是一個很嚴重的問題，導致難以將鋰電池當成充電電池使用。

5　鋰離子電池的原理

那麼，本章的主角鋰離子電池又是什麼樣的電池呢？

一如開頭說過的，這種電池也跟鋰電池一樣，具有小型化後仍蘊含巨
大電力，而且十分輕巧的優點。

不僅如此，跟鋰電池不同，鋰離子電池還有可以充電的巨大優勢。

時間回到1980年代，當時旭化成公司的吉野彰教授正主導這種電池
的研發工作。

下圖是鋰離子電池的示意圖。

圖 7.8

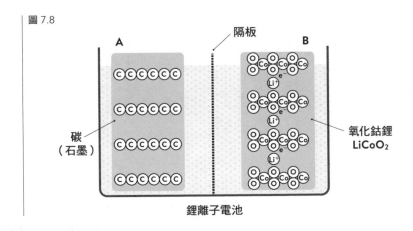

鋰離子電池

碳
（石墨）

隔板

氧化鈷鋰
LiCoO₂

左側的電極是由碳原子連成的層狀結構。

就是在富勒烯那章曾提到的石墨（5-1節，p.107），此物質可以導電。

當時，吉野教授正用一種
以特殊方法製造，名叫「氣相成長碳纖維
（Vapor phase Grown Carbon
Fiber，VGCF）」的碳材料做測試

原來如此！
那種材料後來沒被採用嗎？

雖然適合當電極但卻昂貴，
所以後來只在廉價的石墨中
混入一點點來使用

其實，當初吉野教授還曾試過用聚乙炔當電極。

聚乙炔是由白川英樹教授等人發現的「導電塑膠」（參照Chapter 6）。

用聚乙炔當電極的鋰離子電池擁有充足的電力。

而且由於聚乙炔的密度很小，所以電池可以做得很輕。

然而，密度小這件事，換句話說就是非常疏鬆，因此沒辦法壓縮體積小型化。

最後，吉野教授選擇了密度比聚乙炔更大的石墨當成電極。

如圖7.8所示，假設左邊的電極是A。

而另一邊的電極是由「氧化鈷鋰」材質製成。

「鈷」是金屬的名稱，元素符號是「Co」。

觀察此圖，可看到除了Co以外，還有O（氧）、Li^+、以及e^-（電子）存在對吧。

這個材質也是層狀結構，而Li$^+$存在於每層的縫隙間。

在1980年，本章的另一位諾貝爾獎得主古迪納夫教授發表論文，發現這種物質可以當成電極使用。

吉野教授在讀到這篇論文後，決定使用這個材質當電極。

然後我們假設這邊的電極是B。

這2個電極在某些層面上跟傳統的電池相同，但電極內部的情況卻大相逕庭。

順帶一提，跟鋰電池一樣，這種電池內部的液體也是有機溶媒。

那麼，我們再更詳細往下看。

關於鋰離子電池的原理，這次要先從充電現象開始講解。

下圖是用乾電池替鋰離子電池充電的示意圖。

此時電子的流動方向是從乾電池的負極放出，從正極進入。

在這個過程中，原本在電極B的電子會通過導線往電極A移動。

移動後，電子會在停留在電極A的碳層附近。

同時，原本在電極B的Li$^+$，會通過電池內部往電極A移動。

另外，Li$^+$會在移動途中穿過隔板（這裡的隔板同樣是用來防止電極接觸）。

在移動之後，Li$^+$會進入層狀碳原子之間。

這樣充電就完成了。

圖7.9

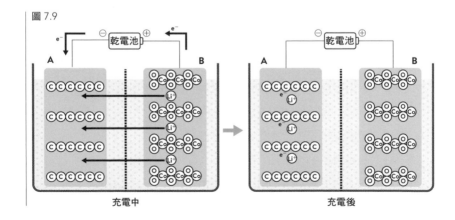

充電中　　　　　　　　　　　　　充電後

接著，再來講解放電時的情況。

如下圖所示，將導線連接小燈泡，電路會發生跟充電的時候完全相反的現象。

原本在電極A的電子會通過導線朝電極B移動，因此導線上的小燈泡會被點亮。

而原本儲存在碳原子層之間的Li⁺，也會在同一時間通過電池內部往電極B移動。

就這樣，電子和Li⁺都進入電極B，變回原本的狀態。

無論是充電還是放電，電子都會通過導線，Li⁺都會從一個電極移動到另一個電極。

之所以叫鋰離子電池，就是因為電池中的**鋰始終保持在鋰離子（Li+）的狀態**。

圖 7.10

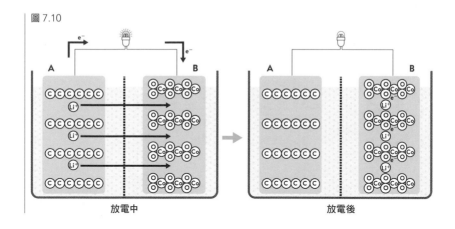

放電中　　　　　　　　放電後

使鋰離子在碳原子層之間出入的構想，是由本章的第三位諾貝爾化學獎得主惠廷安教授提出的。惠廷安教授曾在1970年代使用二硫化鈦（TiS_2）來製作電池喔

在丹尼爾電池以及鋰電池中，都是電極溶出金屬，或是金屬吸附在電極之上。

但鋰離子電池的電極不會像其他的電池那樣發生巨大變化，被設計成只有電極的內部會發生變化。

多虧鋰離子電池的發明，電池變得能夠高效地充電和放電，能夠使用的壽命也大幅延長。

另外，前一節曾經說過，鋰電池擁有巨大電力的主要原因，是因為Li非常容易變成離子。

而鋰離子電池擁有巨大電力的主要原因，則是因為Li^+非常容易被碳元素電極釋放。

還有，我們前面曾說過鋰電池的Li在充放電時，會在電極形成枝狀結晶而造成危險，所以很難當成充電電池使用。

而鋰離子電池被設計成不容易使Li在充電時吸附於電極上（避免Li^+變成Li），所以安全性比鋰電池更好。

因此，鋰離子電池可以當成充電電池使用。

順帶一提，為了確認上述的安全性，研究人員會選在容許發生意外的「爆炸試驗場」進行安全測試

爆炸試驗場!?
都在測試些什麼呢？

比如測試鋰離子電池在受到強烈撞擊時，會不會爆炸或起火

就這樣，鋰離子電池被發明出來，在1990年前後實用化。

接著，這種方便好用的電池迅速在市場上普及開來。

到此，鋰離子電池的講解就結束了。

這確實是一個被廣泛運用在我們生活中的重要發現呢！

Chapter

8

從水母身上取得的
綠色發光蛋白質
GFP

2008年諾貝爾化學獎

得 獎 者

下村 脩

馬丁・查爾菲

錢永健

得獎原因

發現和發展綠色螢光蛋白（GFP）

1 會發光的生物

在前一章，我們說明了電池是如何產生電流。

近代以來，我們人類一直使用電能轉換成光能來照明。

比如水銀燈、霓虹燈、日光燈、LED燈等等，它們都是用電力來發光的。

而在學會利用電力之前，人們則是使用火來照明。

比如蠟燭、火把、提燈等等都是古時常見的照明工具。

而在人類史上某段時期，人們也曾在入夜後使用篝火來照明。

不論何者，它們都是藉由燃燒物質來產生熱和光。

它們都屬於「燃燒」類的光源。

圖 8.1

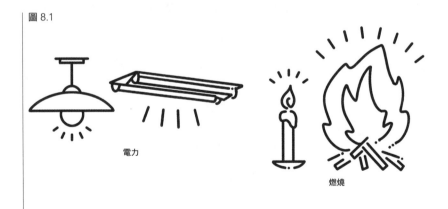

電力

燃燒

我們就這樣利用工具，人類照亮了黑暗。

與此相對的，自然界則存在很多能自己發光的生物。

相較於我們燃燒物質或研發電器產品，這些生物是靠自身來發光。

它們都是些什麼樣的生物呢？

相信很多人第一個想到的，應該是螢火蟲吧？

另外應該也有不少人聯想到會發光的魷魚和發光水母。

其實除了這幾種生物外，在蕈類、蚯蚓、海星的家族中，也存在很多會發光的生物喔！

圖 8.2

源氏螢　　　　　螢火魷　　　　　發光小菇　　　　蛇尾

自然界也存在會放電攻擊的生物對吧？

你是說電鰻和電鱝對吧。
但本章討論的不是電，而是光喔

而本章我們要介紹的，是其中一種會發出綠光，名叫「**維多利亞多管發光水母**」的生物。

科學家發現，在各種會發光的生物中，這種維多利亞多管發光水母擁有一種顛覆常識的特殊發光機制。

2008年，由於這種維多利亞多管發光水母相關的研究成果，**下村脩教授、馬丁・查爾菲教授、錢永健教授**3人共同拿到了諾貝爾化學獎。

現在，這種光已被應用在醫療研究之中。

Osamu Shimomura
下村 脩
（1928–2018）

Martin Chalfie
馬丁・查爾菲
（1947–）

Roger Tsien
錢永健
（1952–2016）

　　首先，我們先來看看生物到底為什麼要發光。

　　科學家推測，生物發光的目的可能有以下幾種。

　　螢火蟲和螢火魷是為了吸引異性跟自己交配而發光。

　　也就是俗稱的求愛行為。

　　海仙人掌和吸血烏賊等棲息在海中的生物，則是在受到刺激或遭遇敵人才會發光。

　　這是為了威嚇敵人。

　　另一方面，也有些生物是為了逃離敵人而發光。

　　比如海螢和發光地蜈蚣等生物會噴出發光液體。

　　這種發光液體具有吸引敵人注意力的效果（海螢中也有部分種類用它來求愛）。

　　另外，一種俗稱「蛇尾」的發光生物（參照前頁的插圖）會在遭到攻擊時切斷自己的手。

　　它被切斷的手足也會發光，可以吸引敵人的注意力。

　　原理就跟蜥蜴斷尾求生一樣。

這種行為俗稱忌避。

有名的深海魚類多指鞭冠鮟鱇，其發光的原理是鞭冠的發光器中裝有會發光的細菌。

據說多指鞭冠鮟鱇會用發光器的光吸引獵物，然後趁機捕食。

這種令人驚異的陷阱，俗稱擬態餌。

圖 8.3

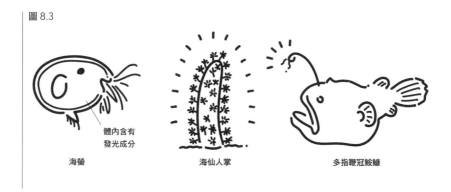

| 海螢 | 海仙人掌 | 多指鞭冠鮟鱇 |

體內含有
發光成分

2　螢光素與螢光素酶

接著，本節繼續說明生物發光的原理。

開頭提到的水銀燈和霓虹燈之所以能發光，跟汞（Hg）和氖（Ne）的性質有關。

是利用電能，讓Hg或Ne發光的。

另外，蠟燭火焰發出的光，大部分來自燃燒時產生的煤（碳）受熱時發出的光。

蠟燭的原料是「石蠟」，當中含有大量的碳原子（C），而蠟燭燃燒時發出的橘色火光，主要就是來自碳元素。

而先前介紹的眾多發光生物，則是利用跟上述完全不同的原理來發光的。

　　發光生物的發光原理，跟生物體內的分子「**螢光素**」，以及一種名為「**螢光素酶**」的蛋白質息息相關。

　　這兩者發生化學反應後，螢光素就會發光。

　　蛋白質的螢光素酶，在反應中扮演輔助螢光素發光的角色。

　　如同4-5節的說明（p.95），蛋白質在生物體內擁有各種不同的功能，而螢光素酶則是一種「**酵素**」。

　　酵素的功用，就跟化學反應中的「催化劑」（參照Chapter 2和3）是相同的。

　　比如「消化酵素」就是一種酵素。

　　消化就是把食物分解成分子等級的大小，當成能量儲存起來，而這個過程也是依賴化學反應來進行。

　　而消化酵素就是幫助消化進行的酵素。

　　同理，螢光素酶的作用，就是促進使螢光素發光的化學反應進行。

　　早在本次的主題維多利亞多管發光水母的研究開始前，生物是利用以這2種物質為主角的化學反應來發光，在科學界便已經是常識了。

　　那麼，我們首先介紹一下螢光素和螢光素酶的故事。

　　1885年，法國的拉斐爾‧杜勃瓦教授做了一個實驗，確認了這2種物質的存在。

　　當時的人類已經知道酵素的存在。

　　雖然還不太清楚酵素的詳細構造，但科學家們知道酵素具有不耐熱的性質。

　　只要稍微加熱，酵素就會失去促進化學反應的作用。

　　其背後的原因跟酵素的構造有關。

　　如次頁圖所示，具有酵素功能的蛋白質，構造中通常會有一塊凹陷的「凹槽」。

圖 8.4

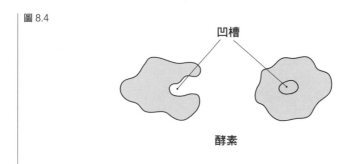

然後我們再更仔細地看看酵素的構造。

酵素，也就是蛋白質，如同在Chapter 4所學過的，是由很多胺基酸串連而成的東西（p.96）。

如同下面的示意圖所畫，蛋白質是（1）由胺基酸串連而成，然後（2）變成螺旋狀或鋸齒狀後，（3）折疊起來的構造。

正是由於這種複雜的構造，酵素的構造中才會形成（4）凹槽。

圖 8.5

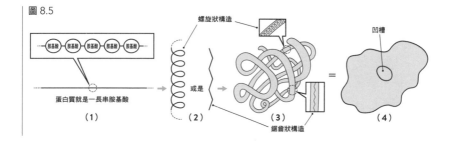

當分子被嵌入這個凹槽，就會引發化學反應，變化成新的分子。

而本次的主題，便是螢光素嵌入螢光素酶後發生的化學反應。

另外，不同種類的酵素，凹槽的形狀和大小也各有差異。

每種酵素可催化的化學反應分子是固定的。

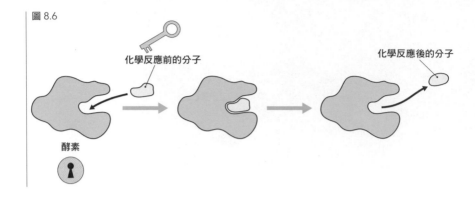

圖 8.6

化學反應前的分子

化學反應後的分子

酵素

這個關係可以想像成鑰匙和鎖孔的關係

所以每種酵素的凹槽只能塞進去特定的分子對吧！

　　換句話說，**蛋白質如果要擁有酵素的功能，就必須維持它原本複雜的構造**。

　　然而蛋白質在被加熱過後，構造就會因熱能發生變化，令酵素失去原本的作用。

　　儘管每種酵素各有差異，但一般來說只要加熱到60℃左右，酵素就會失去功能。

　　而當時，杜勃瓦教授便將焦點著眼於這件事上。

　　他所做的實驗流程如次頁。

圖8.7

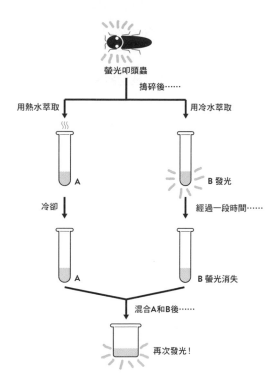

他在實驗中所用的是一種名叫螢光叩頭蟲的發光昆蟲。

他把這種蟲搗碎之後，在A組用熱水萃取出其中的成分，結果卻不會發光。

相反地，搗碎後用冷水萃取的B組卻會發光。

由上述的內容可以知道，螢光叩頭蟲體內所具有的發光成分，其實不太耐熱。

放置一段時間後，用冷水萃取的B組也不再發光。

然而，將停止發光的B跟用熱水萃取的A（冷卻後）混合，萃取物卻又再次開始發光。

根據這個結果，杜勃瓦博士認為A組中的蛋白質螢光素酶已被破壞，

失去酵素的功能。

　　雖然萃取物中存在螢光素，但因為螢光素酶已經喪失酵素的功能，所以當然不會發光。

　　而B組萃取物中存在著螢光素以及功能完整的螢光素酶，所以可以正常發光。

　　放置一段時間後，B組之所以停止發光，他認為是因為螢光素已被完全分解殆盡。

　　因此，他想到可以把B組的萃取物，跟應該還存在著未被分解的螢光素之A組混合。

　　之所以要先把A組冷卻後再混合，是為了避免B組中的螢光素酶構造被熱所破壞。

　　結果，A組的螢光素果然跟B組的螢光素酶發生化學反應，再次開始發光。

　　就這樣，杜勃瓦教授透過上述的多次實驗，證實了生物發光的原理來自螢光素和螢光素酶的化學反應。

3　**海螢的發光原理**

　　現在，科學家已知螢光素和螢光素酶都存在許多種類。

　　在不同種類的生物中，它們的構造也各不相同。

　　換言之螢光素和螢光素酶都只是某類化學物質的統稱。

　　次頁圖為發光生物體內所存在的不同螢光素構造。

圖 8.8

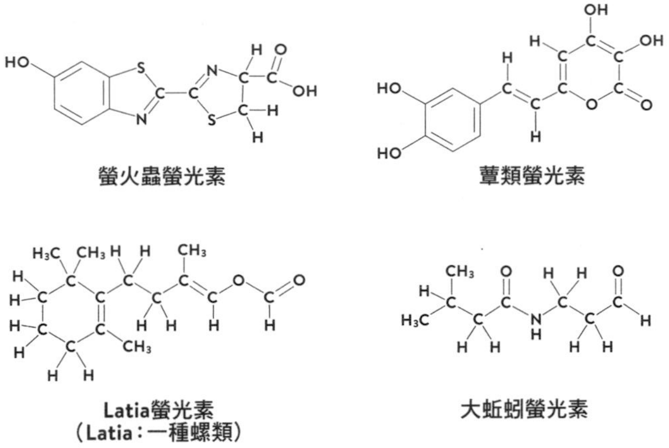

螢火蟲螢光素　　　蕈類螢光素

Latia螢光素
（Latia：一種螺類）　　大蚯蚓螢光素

　　另外，螢光素酶已知存在「螢火蟲螢光素酶」、「海腎螢光素酶」、「發光細菌螢光素酶」、「渦鞭毛藻螢光素酶」等種類。

　　接著，我們一起來看看螢光素和螢光素酶，是如何透過化學反應來發光的原理。

　　我們將以海螢體內的「海螢螢光素」的構造為例來說明。

　　不過，由於它的構造很複雜，因此下圖省略了跟化學反應沒有直接關係的部分。

圖 8.9

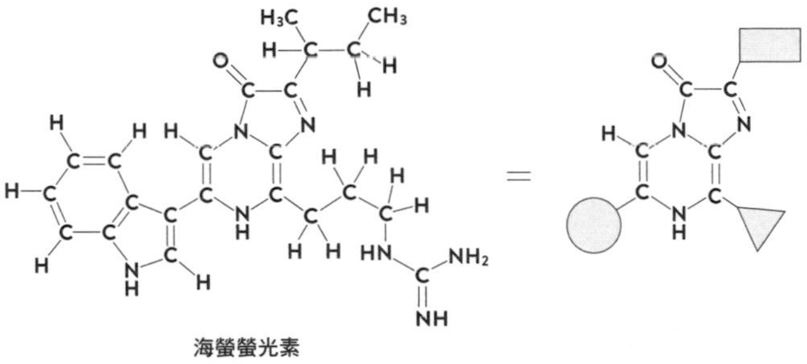

海螢螢光素

一般認為，海螢螢光素是透過下面的過程轉換並發光的。

此過程中引發化學反應的物質，是酵素「海螢螢光素酶」。

另外，要改變海螢的螢光素結構，過程中其實還必須要有氧氣分子（O_2）參與。

當化學反應發生時，它的構造會發生如下的變化。

圖 8.10

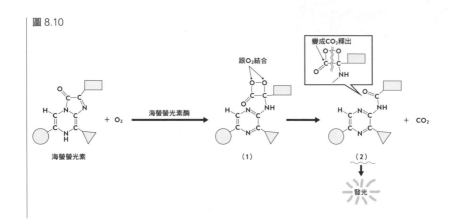

原來生物的發光
是利用化學反應啊……！

是啊。
至於除了螢光素和螢光素酶之外
還需要一些必要的物質，
每種發光生物都不太一樣

接著我們依照前面的圖，稍微簡單說明一下變化比較大的部分。

首先，海螢螢光素會跟O_2結合，產生（1）的結構。

接著，這個結構之中的CO_2（二氧化碳）會被釋放出來，再生成（2）

的結構。

如此產生的（2）擁有高能量，可以放出光能。

不只是海螢，許多發光生物都是利用相同的原理，使螢光素發生化學反應，變化成具有高能量的結構，藉此發光的喔。

4　維多利亞多管發光水母的水母素

那麼，終於要進入本章的主題維多利亞多管發光水母了。

諾貝爾化學獎得主之一的下村脩教授，是在1960年代開始投入這項研究。

在此之前，他原本在名古屋大學，從事海螢的相關研究。

他所進行的研究是從海螢中提取出「海螢螢光素」的結晶，並分析出這種螢光素的構造。

在此之前，要把螢光素提取成結晶是一件相當困難的工程，但下村教授埋首於實驗，只用了10個月就辦到這件事。

這是外國研究者花了超過20年也沒能成功的研究。

他使用這個結晶進行分析，成功推測出了海螢螢光素的構造（最終在幾年後確定了它的構造）。

得知這件事後，普林斯頓大學（美國）的弗蘭克‧強森（Frank Johnson）教授注意到了下村教授。

於是在1960年，強森教授邀請下村教授前往美國做研究。

而強森教授當時委託給下村教授的研究主題，就是解開維多利亞多管發光水母的發光原理。

強森教授在邀請下村教授遠渡美國前便一直進行這項研究，但進展並不順利。

就這樣，下村教授前往美國，開始跟強森教授一起研究維多利亞多管發光水母。

圖 8.11

維多利亞多管發光水母

這種水母的外形就像倒過來的碗，所以在日本被稱為碗形水母喔！

這的大小約10～20公分，碗緣的部分（邊緣部分）會發出綠色的強光

　　華盛頓州星期五港的港灣，是維多利亞多管發光水母的棲息地。

　　2位教授在那裡捕撈了大量的維多利亞多管發光水母，切下牠們的發光部位用於研究。

　　然而，他們卻始終沒能在樣本中找到理應參與發光作用的螢光素和螢光素酶。

　　他們用了跟前述的杜勃瓦教授相同的實驗方法，卻沒有成功，無法確認到螢光素和螢光素酶的存在。

　　說不定這種水母的發光機制，跟以往研究的靠螢光素和螢光素酶反應的發光原理有所不同……相信一定已經有人開始懷疑是這樣了吧。

　　然而，當時的常識普遍認為，生物發光都是源自螢光素和螢光素酶的化學反應。

　　因此，在很長一段時間內，2位教授都沒能找出真正參與維多利亞多管發光水母發光作用的物質。

　　於是，下村教授開始懷疑生物發光的常識——不一定是靠螢光素和螢光素酶反應。

　　他心想不管那是什麼東西，都一定要找出真正參與發光反應的物質，開始嘗試用跟以往不一樣的方式來提取發光物質。

　　由於強森教授反對這個做法，所以下村教授決定自己獨立研究。

　　他切下並收集維多利亞多管發光水母的發光部位，發現用紗布包裹後擰出的汁液，會發出微弱的光芒。

　　但由於水母已經死去，所以這個光芒不久便會慢慢消失。

　　這是因為水母體內的發光物質全部使用殆盡了。

　　然而，要提取出水母的發光物質，就必須讓樣本保持在擁有發光能力的狀態。

　　因此，必須想個辦法暫時停止樣本的發光反應。

　　下村教授試了很多種方法，卻始終沒法取得想要的結果。

　　於是他暫時停下實驗，搭船到海上隨著海浪的起伏思考著。

　　然後，下村教授想到發光物質可能跟蛋白質有關。

　　既然是蛋白質，那只要改變「**pH值**」的話，說不定就能暫時中止發光反應。這個點子在他腦中浮現。

　　pH值是表示酸鹼度的指標。

　　這個值的範圍一般在0到14的範圍內，水溶液愈偏酸性，pH值愈接近0；愈偏鹼性，pH值愈接近14。

　　pH值在7附近，代表酸鹼度愈接近中性。

　　而每種酵素都有最適合自己發揮作用pH值，這個值被稱為「**最適反應pH值**」。

要是溶液的pH值不是處於最適反應pH值，酵素的構造就會發生變化，而無法順利發揮作用。

換言之，<u>蛋白質很容易受到pH值的影響</u>。

所以，他認為只要改變維多利亞多管發光水母萃取液的pH值，應該就能讓參與發光反應的蛋白質暫時停止作用。

根據實驗的結果，下村教授發現在溶液偏弱酸性（pH值4）的時候，這種蛋白質的發光功能會暫時停止。

而將溶液的ph值變成中性（pH值7）後，這種蛋白質又會再次恢復原本的功能。

> 雖然高溫也能讓酵素
> 停止運作（p.172），
> 但加熱後就無法復原了

接著，下村教授又在意想不到的地方發現了解開這種水母發光原理的線索。

有一次，他把使用完的萃取液拿去沖掉時發現了異狀。

被沖掉的萃取液竟然發出藍色的強光。

他研究後發現，當時用來沖洗萃取液的水中含有海水，而海水中的鈣離子（Ca^{2+}）參與了發光反應。

在此將到目前為止的發現，整理如下。

圖 8.12

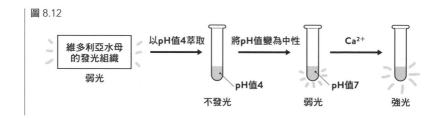

　　就這樣，多虧了下村教授靈光一閃想出的點子，水母的發光物質研究終於有了進展。

　　最後，下村教授不再使用以pH值4的溶液萃取出的組織來暫停發光反應，而是改用一種可以妨礙鈣離子發揮作用，名叫「乙二胺四乙酸」的物質來萃取。

　　之後又經過多次實驗的進行，教授終於成功在1962年萃取出要找的蛋白質。

　　這種蛋白質後來被命名為「**水母素**（Aequorin）」。

　　此名稱來自維多利亞多管發光水母的學名「*Aequorea*」。

　　根據以上結果，下村教授發現這種水母的發光機制跟以往發現的生物不同，蛋白質才是發光物質，而且反應中必須有鈣離子（Ca^{2+}）參與。

　　水母素的發光機制如下所示。

圖 8.13

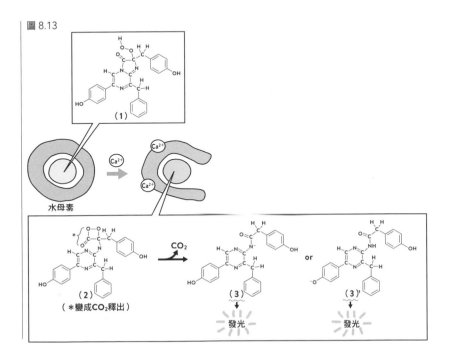

水母素是一種分子量
約2萬的蛋白質。
反應時至少要跟2個
鈣離子結合

分子（1）的構造
跟海螢很類似呢！

　　水母素的中心是由分子（1）的結構組成。

　　這種蛋白質跟鈣離子結合時，形狀會發生改變。

　　結合後，位於內部的分子（1）會變成（2）的樣子。

　　然後CO_2會從（2）結構中的四角形部分脫落，變成（3）或結構有些許差異的（3）'。

　　這個（3）和（3）'都擁有很高的能量。

　　一般認為（3）和（3）'會放出光能，所以水母素才會發光。

　　分子（1）轉變的一連串過程，就跟海螢螢光素很類似對吧（p.176）。

　　雖然長得很像，但水母素的蛋白質中卻包含有相當於螢光素的物質，是跟以往完全截然不同的全新機制。

5　綠色螢光蛋白（GFP）

　　前面說到，水母素放出的光是「藍色」的。

　　然而，維多利亞多管發光水母發出的卻是「綠色」的光。

　　換句話說，到目前為止還不能說是完全解開了維多利亞多管發光水母的發光機制。

　　針對這一點，下村教授又繼續往下研究。

　　結果，他從維多利亞多管發光水母的萃取液中，又發現了不同於水母素的另一種發光蛋白質。

　　這是一種由238個胺基酸所組成，分子量約2萬7000的蛋白質，因為它是發出綠光，所以被命名為「**綠色螢光蛋白**（GFP，Green Fluorescent Protein）」。

維多利亞多管發光水母發出的綠光，原來是來自這種蛋白質啊

　　這種蛋白質的名字裡出現了「螢光」這個詞。

　　這裡稍微聊聊什麼是螢光。

　　提到螢光，我想大家最常聯想到的應該是「螢光筆」。

　　用螢光筆寫的字，在黑暗中並不會發光。

　　但要是把字放在明亮的地方，螢光筆的字在我們的視覺上，看起來卻會有發亮的感覺。

　　這種接收到來自外部的光能時發出的光，就叫螢光。

　　另一個例子是日光燈。

　　當電流通過日光燈的燈管時，在它的玻璃管內部有一個機制，會產生紫外線。

　　然後這個紫外線（紫外線也是光）會被塗在玻璃管內部的螢光塗料所吸收，發出可見光。

　　如後圖所示，綠色螢光蛋白（GFP）也跟日光燈一樣，在外部的紫外線照射下會發出光線（1）。

而現在已經知道，在維多利亞多管發光水母體內，GFP會吸收水母素發出的藍光，然後放出螢光。

換言之，水母素的藍光所發出的能量會被GFP吸收，再被轉變成綠光放出（2）。

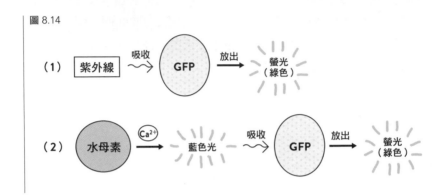

圖 8.14

另外，現在也已得知，GFP之所以會發出螢光的關鍵，在於其內部的以下結構。

這個結構是由構成蛋白質的胺基酸中，連續相連的絲胺酸、酪胺酸、甘胺酸這3種胺基酸的部分變化而成。

跟螢光有關的重要結構被包含在組成蛋白質的胺基酸長鏈中，這件事對稍後會說明的應用領域研究非常重要，請先牢牢記住。

圖 8.15

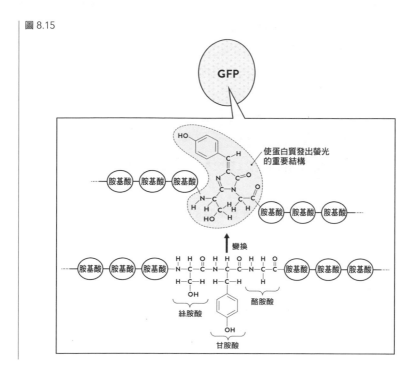

也就是說，維多利亞多管發光水母的發光能力，並不是來自過往所知的螢光素和螢光素酶，而跟2種不同的蛋白質有關。

多虧下村教授不被常識束縛，才能發現新的發光機制。

6　基因的基本原理

在進入1990年代以後，與綠色螢光蛋白（GFP）相關的應用研究開始興盛起來。

最終，這項技術在今日發展為醫療研究的一環。

而這個結果跟「**基因**」有很深的關係。

現代人在日常生活中也常有機會用到這個詞，所以這個詞在現代說不定已經是家喻戶曉的詞彙了。

那麼從化學的觀點來看，基因究竟是什麼東西呢？

首先，我們將從這一點開始講起。

基因的本體就是常耳聞到的「**DNA**」，而DNA就相當於是蛋白質的設計圖。

生物會根據DNA這張設計圖上記載的資訊，去製造構成生物體所需的蛋白質。

順帶一提，DNA是「**D**eoxyribo**n**ucleic **a**cid」的縮寫，中文全稱是「去氧核糖核酸」。

除了DNA外，還有另一個名字跟DNA非常相似，但卻扮演著不同角色的「**RNA**（Ribonucleic acid，核糖核酸）」存在，它的功能則是負責製造蛋白質。

那麼，下面我們就來看看DNA、RNA以及蛋白質之間，到底存在著什麼樣的關係。

首先，DNA設計圖上的訊息會被抄寫到RNA上。

這個過程叫「**轉錄**」。

然後，細胞會根據RNA的訊息來製造蛋白質。

這個過程稱為「**轉譯**」。

下圖是生物合成蛋白質的大致流程。

圖 8.16

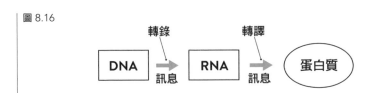

若把DNA比喻為藍圖的原稿，
那麼RNA就像是
用來印刷藍圖的紙

　　經過上述的說明了解大致的運作原理之後，接著一起來詳細看看
DNA的結構吧。

　　DNA是由4種統稱「**核苷酸**」的成分組合而成。

　　如後圖可見，在4種核苷酸結構中，含磷原子（P）的「**磷酸**」以及五
角形的「**糖**」這2個部分是共通的。

　　只有在含有大量氮原子（N）的「**鹼基**」部分，這4種核苷酸的結構
存在些許差異。

　　鹼基之中包含有「**腺嘌呤**（Adenine）」、「**鳥嘌呤**（Guanine）」、「**胸
腺嘧啶**（Thymine）」、「**胞嘧啶**（Cytosine）」這4種分子。

　　我們習慣上將這4者分別取其英文的第一個字母簡稱它們為「**A**」、
「**G**」、「**T**」、「**C**」。

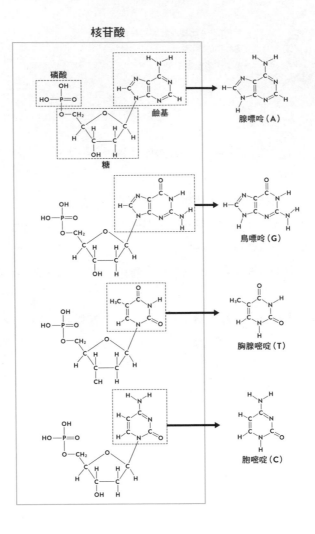

圖 8.17

核苷酸

磷酸

鹼基

腺嘌呤（A）

糖

鳥嘌呤（G）

胸腺嘧啶（T）

胞嘧啶（C）

　　這幾種分子的結構都比較複雜，所以我們在次頁改用核苷酸的模式圖
來說明。

　　磷酸是圓形，糖是五角形，而4種鹼基則各自用不同的形狀來代表。

圖 8.18

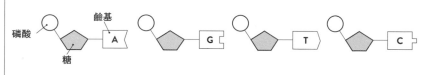

磷酸　　鹼基

糖

　　而DNA就是由這些結構排列組合串起來的長鏈。

　　如次頁的圖所示，大量的核苷酸會通過磷酸的部分朝單一方向串連
（1）。

　　這個結構叫「**核苷酸鏈**」。

　　而2條核苷酸鏈纏繞在一起後，就變成了DNA（2）。

　　位於2條核苷酸鏈上的鹼基部分會互相吸引，因此2條核苷酸鏈會以
頭尾相反的狀態結合。

　　結合時，這4種鹼基的配對方式是固定的。

　　在模式圖中，只有形狀契合的鹼基才能結合，所以A必須跟T結合，
而G必須跟C結合。

　　而這些鹼基所呈現出的排列模式，就是用來下達指令製造不同蛋白質
的訊息。

　　此外，這2條核苷酸長鏈在結合的時候，會以螺旋狀的構造纏繞在一
起（3）。

　　這就是所謂的「**雙螺旋結構**」。

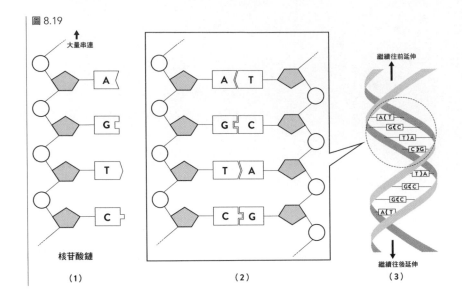

圖 8.19

大量串連

核苷酸鏈

（1）

（2）

繼續往前延伸

繼續往後延伸

（3）

次頁的圖畫出了鹼基的詳細結合方式。

容易帶正電荷的氫原子，會跟容易帶負電荷的氧原子或是氮原子互相吸引。

藉由這股吸引力，在核苷酸的鹼基部分，腺嘌呤（A）會跟胸腺嘧啶（T）配對，鳥嘌呤（G）會跟胞嘧啶（C）配對。

圖 8.20

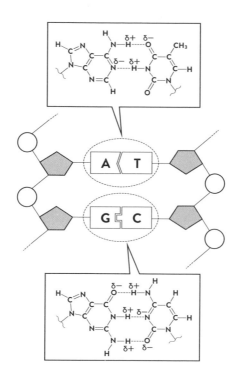

7 轉錄與轉譯

接著，我們要使用圖8.21來說明轉錄的原理。

（1）所畫的是構成生物體的「**細胞**」。

細胞內部存在一種叫「**細胞核**」的構造，而DNA就位在細胞核內。DNA的遺傳訊息會在這裡被拷貝到RNA上，這個過程就是轉錄。

那麼，在此稍微講講細胞的故事。

生物體都是由細胞集合而成。

細胞的英語叫「Cell」，原意是小房間的意思。

細胞有很多不同的種類，有些如同它的英文名稱，形狀就像一個一個的小房間，但也有些並非如此，它們功能和角色也非常多元。

據說人體大約是由37兆個（！）細胞集合而成的。

認識細胞之後，接著回到轉錄的話題。

RNA的組成成分，就跟DNA一樣是核苷酸。

但是，構成RNA的核苷酸，糖的部分之結構跟DNA稍微有點不同（（2）的波浪線標示的地方）。

還有，RNA沒有胸腺嘧啶（T），取而代之的是另外一種稱為尿嘧啶（Uracil）的鹼基。

那麼，我們來看看轉錄的過程吧（3）。

在這個過程中，RNA會在一種名為「RNA聚合酶」的酵素作用下被催化合成。

首先，成對的2條DNA（雙螺旋構造）會有一部分被解開（①）。

接著，以DNA的其中一條核苷酸鏈為主，會去跟周圍的核苷酸結合，製造出RNA（②）。

此時跟DNA結合的，是（2）圖中用來製造RNA的核苷酸。

在鹼基的部分，DNA上的胸腺嘧啶（T）一樣會跟腺嘌呤（A）配對結合，但跟DNA上的腺嘌呤結合的卻不是胸腺嘧啶，而是尿嘧啶（U）。

鳥嘌呤（G）和胞嘧啶（C）的關係則維持不變，依然只能跟彼此結合配對。

從這張圖可以發現，RNA是對應DNA的結構製造出來的。

於是DNA上的遺傳訊息就這樣被拷貝到RNA上（③）。

圖 8.21

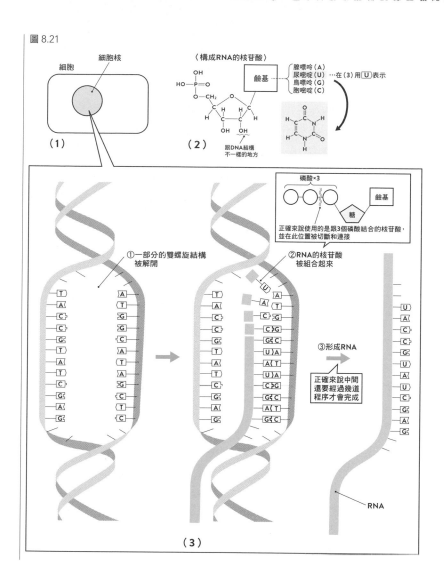

〈構成RNA的核苷酸〉

鹼基

腺嘌呤（A）
尿嘧啶（U）…在（3）用 Ｕ 表示
鳥嘌呤（G）
胞嘧啶（C）

（1）

（2）

跟DNA結構
不一樣的地方

磷酸×3

糖

鹼基

正確來說使用的是跟3個磷酸結合的核苷酸，
並在此位置被切斷和連接

①一部分的雙螺旋結構
被解開

②RNA的核苷酸
被組合起來

③形成RNA

正確來說中間
還要經過幾道
程序才會完成

RNA

（3）

如同大腸菌和乳酸菌等細菌，
也有觀察不到細胞核的生物喔。
當然它們還是擁有DNA，
並且會發生轉錄

說完了轉錄後，再來講解轉譯的部分。

所謂的轉譯，就是根據RNA上的訊息來製造蛋白質。

事實上RNA又分成好幾種，而負責從DNA上拷貝蛋白質藍圖資訊的RNA就叫作「**mRNA**（messenger RNA，信使RNA）」。

透過轉錄合成出來的mRNA會往細胞核外移動。在此過程中，mRNA首先會附著在細胞內的「**核糖體**」上。

核糖體就像一個工廠，根據mRNA上的訊息來製造蛋白質。

根據不同的mRNA訊息（鹼基排列），核糖體可以合成出各式各樣不同的蛋白質。

圖 8.22

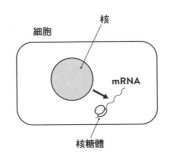

核糖體是由RNA家族中的rRNA（ribosomal RNA，核糖體RNA）和蛋白質組成的喔

然後下一步的關鍵，是一種名叫**tRNA**（transfer RNA，轉運RNA）的RNA。

如次頁的模式圖所示，tRNA跟與胺基酸結合時的轉譯有關。

胺基酸的相反側排列著3個鹼基。

這3個鹼基的內容，會隨結合的胺基酸種類而異。

比如當跟一種叫「甲硫胺酸」的胺基酸結合時，這3個鹼基的排列將是UAC。

同時，每種胺基酸不一定只對應一種鹼基組合。

換言之，很多時候會同時存在多種組合模式。

在這張圖中，只列出了稍後說明時會用到的胺基酸種類。

圖 8.23

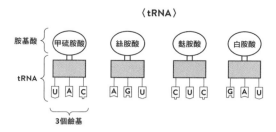

我記得人體的蛋白質
一共用到了20種
胺基酸對吧（p.95）？

在轉譯的過程中，
這些胺基酸會
被用來合成蛋白質

接著我們用P.197的圖來說明轉譯的流程。

在轉譯時，mRNA上的3個連續鹼基排列非常重要。

mRNA上3個一組的鹼基叫「**密碼子**（Codon）」。

由圖中可見，當mRNA上AUG的密碼子部分跟帶有甲硫胺酸的tRNA結合時，轉譯就開始了（1）。

然後，擁有對應隔壁之密碼子（UCA）的鹼基序列（俗稱反密碼子）的tRNA（在本例中，是擁有絲胺酸的tRNA），會繼續跟mRNA結合。

接著，這2個胺基酸（甲硫胺酸和絲胺酸）會串起來，而甲硫胺酸和tRNA的結合會被切斷（2）。

之後，核糖體會繼續移動，使得原本跟甲硫胺酸結合的tRNA脫離mRNA（3）。

然後，mRNA會跟對應隔壁密碼子的新tRNA結合。

這次的密碼子是GAG，而擁有CUC反密碼子的tRNA則是跟麩胺酸結合。

接著重複相同的過程：胺基酸跟胺基酸結合，然後tRNA脫離mRNA，核糖體往前移動，胺基酸就這樣一個接著一個地被結合起來了（4）。

就這樣，與mRNA上的密碼子對應的胺基酸被串成一條長鏈，組成了蛋白質（5）。

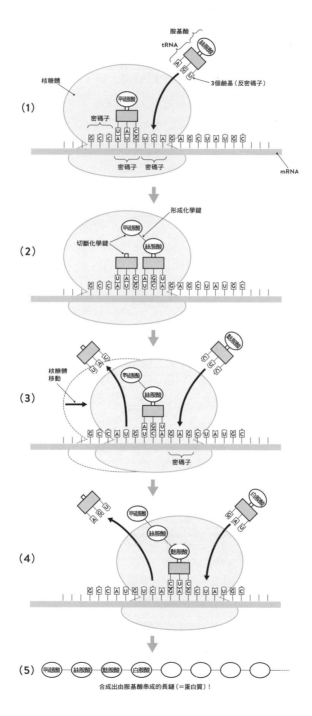

圖 8.24

藉由以上的過程，細胞便能根據基因本體的DNA上記錄的遺傳訊息，合成出構成我們身體的蛋白質。

下面的表格列出了mRNA擁有的64種密碼子，以及它們對應的胺基酸種類。

由此表可見，依照鹼基序列的組合變化，可以合成出各式各樣的不同蛋白質。

順帶一提，UAA、UAG、UGA這3個密碼子又叫「**終止密碼子**」，因為它們沒有對應的胺基酸，具有停止轉譯的功能。

與此相反地，AUG（只對應甲硫胺酸）則如先前所述，具有啟動轉譯的功用，又叫「**起始密碼子**」。

圖 8.25

第一個鹼基	第二個鹼基 U	第二個鹼基 C	第二個鹼基 A	第二個鹼基 G	第三個鹼基
U	UUU UUC 苯丙胺酸 / UUA UUG 白胺酸	UCU UCC UCA UCG 絲胺酸	UAU UAC 酪胺酸 / UAA UAG 終止密碼子	UGU UGC 半胱胺酸 / UGA 終止密碼子 / UGG 色胺酸	U C A G
C	CUU CUC CUA CUG 白胺酸	CCU CCC CCA CCG 脯胺酸	CAU CAC 組胺酸 / CAA CAG 麩醯胺酸	CGU CGC CGA CGG 精胺酸	U C A G
A	AUU AUC AUA 異白胺酸 / AUG 起始密碼子（甲硫胺酸）	ACU ACC ACA ACG 蘇胺酸	AAU AAC 天門冬醯胺 / AAA AAG 離胺酸	AGU AGC 絲胺酸 / AGA AGG 精胺酸	U C A G
G	GUU GUC GUA GUG 纈胺酸	GCU GCC GCA GCG 丙胺酸	GAU GAC 天門冬胺酸 / GAA GAG 麩胺酸	GGU GGC GGA GGG 甘胺酸	U C A G

8 GFP基因

在了解蛋白質合成的基本流程後，接著回到發光蛋白質GFP（綠色螢光蛋白）的話題。

1992年，伍茲霍爾海洋研究所（美國）的道格拉斯・普拉修教授，從維多利亞多管發光水母的基因中找到了GFP的藍圖「**GFP基因**」。

換言之，他找到了合成GFP所需的鹼基序列。

然後，本章的諾貝爾化學獎得主之一，哥倫比亞大學（美國）的馬丁・查爾菲教授又成功地將GFP基因，轉殖到維多利亞多管發光水母之外的生物身上。

被轉殖了GFP基因之後，生物體內會發生什麼事呢？

當被植入的GFP基因（DNA）開始運作時，細胞核內就會發生轉錄，用DNA製造出RNA，然後RNA又會被轉譯，在細胞內合成出GFP。

先前說過，GFP會吸收紫外線，然後發出螢光（p.183）。

所以，當我們使用紫外線照射這個生物時，合成出GFP的部位就會發出綠光。

查爾菲教授在1994年發表論文，宣布成功將GFP基因轉殖於體長約1公厘的線蟲體內。

線蟲約由1000個細胞組成，擁有肌肉、消化器官以及神經等結構。

而查爾菲教授成功將GFP基因轉殖於組成神經的細胞之一「**神經細胞**」中，使線蟲的神經細胞能夠合成GFP。

因此，如果用紫外線照射這條線蟲時，線蟲的神經部分就會發出了綠色的強光。

換言之，他成功讓線蟲的神經細胞製造出，原本只有維多利亞多管發光水母才擁有的GFP。

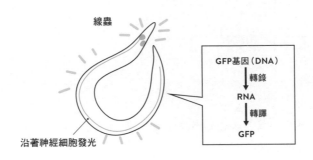

圖 8.26

線蟲

沿著神經細胞發光

GFP基因（DNA）

↓轉錄

RNA

↓轉譯

GFP

查爾菲教授同時
也宣布成功將
GFP基因轉殖於大腸菌中

跟線蟲一樣，
轉殖於GFP基因的大腸菌
照到紫外線也會發出綠光嗎？

沒錯。在這份研究報告發表後，
科學家們又陸續將GFP基因
轉殖到老鼠、蒼蠅以及魚類等生物上

　　如線蟲的實驗所展示的，在生物體內轉殖GFP基因有個很大的好處，那就是能讓人們直接用肉眼觀察到想觀察的細胞。

　　以下就介紹幾個例子，看看這項技術如何在醫療研究中派上用場的吧。

　　首先是腦部方面的研究。

　　我們的腦部，是利用電子訊號來傳遞訊息的。

　　這個電子訊號主要通過脊椎中名叫「**脊髓**」的部位中介，傳遞到遍布

人體的「**末梢神經**」，然後驅動我們的肌肉，或是調節身體的體溫。

　　相反地，從手、腳、眼、鼻等器官得到的感官訊息（觸覺、視覺、嗅覺等），也會經由末梢神經和脊髓，最後傳遞到腦部。

圖 8.27

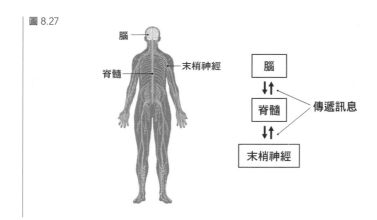

　　而肩負傳遞訊息這項重責大任的重要細胞，就是先前提到的神經細胞（圖8.28）。

　　神經細胞是構成末梢神經、脊髓以及腦部的細胞之一。

　　神經細胞會藉由細長的觸手互相連接，在人體內傳遞訊息。

　　尤其腦部中存在著由無數神經細胞組成的網路，用來處理人體接收到的各種訊息。

圖 8.28

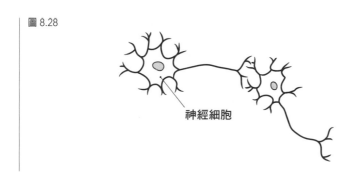

在實驗動物的神經細胞中轉殖GFP基因，使其能夠合成GFP後，只要照射紫外線，我們就能藉由細胞發光的情形來觀察神經細胞。

比如，使老鼠腦部的神經細胞發光，可以讓科學家觀察到神經訊號傳遞的情況。

當腦部發生病變時，神經細胞的形狀可能會改變，導致神經細胞間的訊息傳遞出現異常。

利用GFP技術來觀察神經細胞的狀態，可能有助於了解這些疾病的詳細原因或原理。

因為不能直接用人做實驗，
所以科學界一般使用
同樣是哺乳類的老鼠來做研究

第二個例子是「癌症」的研究。

所謂的癌，其實就是由異常增殖的「**癌細胞**」所組成的腫塊。

同樣地，科學家可以使用實驗動物，來觀察合成GFP的癌細胞。

癌細胞不單只會增殖，還會在血管中移動到其他地方去再增殖，轉移形成新的腫瘤。

運用GFP，科學家就能利用螢光來追蹤觀察腫瘤轉移和形成的狀態，有助於了解這種疾病背後的機制。

圖 8.29

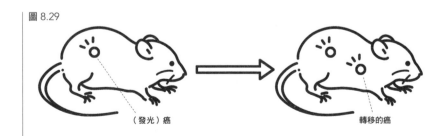

（發光）癌　　　　　　　　　　　　　　　轉移的癌

最後再介紹一下本章諾貝爾獎得主之一，加利福尼亞大學洛杉磯分校的錢永健教授之研究。

錢教授成功以人工方式合成出，能發出綠光之外螢光的蛋白質。

這些代表性的非綠光蛋白有藍色螢光蛋白（Blue Fluorescent Protein，BFP）、青色螢光蛋白（Cyan Fluorescent Protein，CFP）以及黃色螢光蛋白（Yellow Fluorescent Protein，YFP），各如其名，分別能發出藍色、青色以及黃色的光。

另外，珊瑚家族中有一種叫菟葵的生物，錢教授也成功從這種生物中提取出紅色螢光蛋白（Red Fluorescent Protein，RFP）。

在醫療研究的應用中，除了GFP外，可發出其他顏色螢光的蛋白質也相當活躍。

例如運用RFP，可以判斷實驗動物的癌腫瘤大小。

因此，科學家可利用RFP來觀察，抗癌藥物到底對癌症的進行有多少抑制作用，有助於治療藥的開發。

圖 8.30

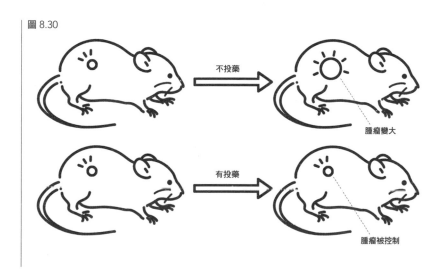

不投藥

腫瘤變大

有投藥

腫瘤被控制

還有同時應用多種會發出螢光的蛋白質。例如，可以利用顏色來區分

2種想觀察的對象，同時在生物體內觀察它們。

如此一來，我們就能夠更明確了解生物的身體內究竟發生了什麼事。

原來發光蛋白質
不只有綠色呀！

錢教授還成功解析出了
在p.185所看到的
關於GFP內部變化之詳細過程喔

到此，本章就結束了。

GFP這種蛋白質，跟能將其藍圖GFP基因轉殖於細胞的技術結合，如今被廣泛應用於醫療研究領域。

藉由GFP的螢光，科學家可以一目瞭然地看見生物體內發生什麼事，因此這項技術也被譽為是自顯微鏡以來最重要的發現。

而這項研究的起點，始於捕捉維多利亞多管發光水母。

當時的研究者甚至動員了整個家族來捕捉水母，不只是為了自己的研究，也為提供給其他學者研究。

由於1隻維多利亞多管發光水母中所含的水母素和GFP量很少，據說最後一共捕撈了85萬隻（！）之多。

在這顛覆常識的發現背後，那超乎常人的熱情和決心，真是令人震撼不已呢！

創造鏡中世界的分子
不對稱合成法

2001年諾貝爾化學獎

得 獎 者	威廉·諾爾斯
	野依良治
得獎原因	對手性催化氫化反應的研究

得 獎 者	巴里·沙普利斯
得獎原因	對手性催化氧化反應的研究

1　手性分子

終於來到最後一章了。

本章將要介紹的是在2001年榮獲諾貝爾化學獎，是關於化學反應的研究。

這項研究的關鍵字是**「手性」分子**。

本章的部分內容在高中化學也有教到，有些讀者說不定已經學過了。

手性分子的相關內容比較難一點，有些部分可能會讓人腦袋打結。

然而，我們生物的身體都是由手性分子組成的，而且在利用化學反應合成藥物時也必須用到手性分子的概念，是非常重要的內容。

在正式進入諾貝爾化學獎的研究內容前，本節要先來介紹這種手性分子的相關知識。

以下的內容會比前幾章
更深入探究分子的結構喔

雖然好像會很難，
卻是重要的內容對吧！

那麼，手性分子到底是什麼樣的東西呢？

其實顧名思義，手性分子指的就是彼此的關係類似人的右手和左手的分子。

換言之，就是乍看之下長得一樣，但實際上卻不會重疊的分子。

換個說法，也可以比喻成鏡中倒影的關係。

除此之外，也有人用右旋和左旋的螺貝來形容。

總而言之，就是像照鏡子一樣，左右相反而無法重疊的關係。

圖 9.1

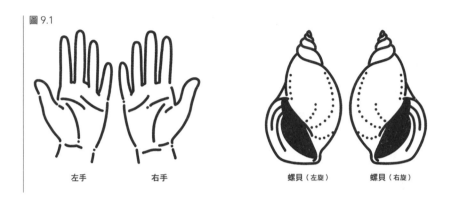

左手　　　右手　　　　　螺貝（左旋）　螺貝（右旋）

讓我們透過具體的例子，一起來詳細看看手性分子的構造吧。

下圖是一種名叫「乳酸」的分子。

圖 9.2

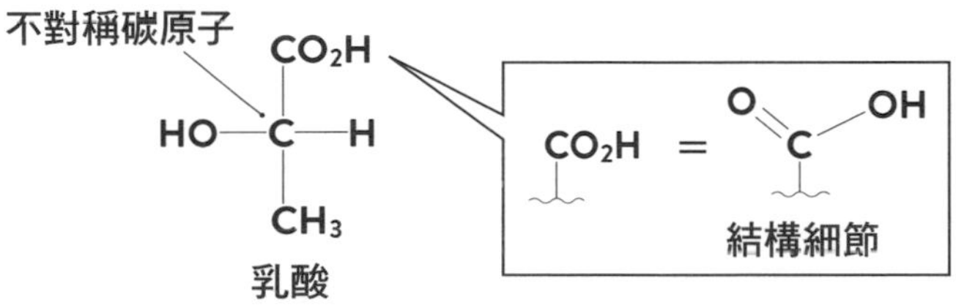

不對稱碳原子

$$CO_2H$$

$$HO-C-H$$

$$CH_3$$

乳酸

$$CO_2H = \overset{O}{\underset{}{C}}-OH$$

結構細節

首先請看最中央的碳原子。

與這個碳原子直接結合的原子（H）和原子集團（OH、CH3、CO2H），是不是4個全都不重複呢？

這樣的碳原子又叫「**不對稱碳原子**」。

另外，「CO_2H」的詳細構造如前頁圖片右側的圖。

手性分子的結構中大多都含有不對稱碳原子。

正是因為這個不對稱碳原子，所以才會存在即使擁有相同結構也無法重合，關係宛如鏡中倒影的分子。

所以，讓我們使用下面這張擁有不對稱碳原子的分子模式圖，看看這種分子的細節。

四角形或三角形等圖形，分別代表碳原子擁有的原子，以及原子集團（OH、CH_3、CO_2H等等）。

由圖可見，這4者的種類皆不相同，就像乳酸一樣。

當然正中央的「C」就是不對稱碳原子。

圖 9.3

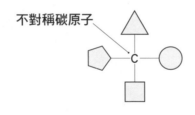

不對稱碳原子

基本上，碳原子擁有4條化學鍵。
如果像乙烯（p.121）那樣
2條鍵跟同一個原子結合的話，
就不可能是不對稱碳原子

雖然畫成平面圖很容易理解，但改用立體圖表示的話，就會發現其實存在2種分子。

請見後圖，它也可以是一個以不對稱碳原子為中心的四面體結構（假設這個分子叫（A））。

圖 9.4

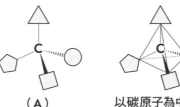
（Ａ）

以碳原子為中心的
四面體結構

正四面體

從分子（Ａ）的不對稱碳原子延伸出來的直線在同一平面上，相當於放在這張紙頁上的狀態。

塗黑的「楔形」線，代表結合的原子或原子集團懸浮在紙頁的上方。

而虛線畫的「楔形」線，則代表它被擋在紙頁的背面（對面）。

4種不同的圖形部分，分別位在四面體的4個頂點。

如圖所示，把它們跟右邊的正四面體圖疊在一起來看，應該會更容易理解。

那麼，知道分子的立體結構後，我們再來詳細看看分子（Ａ）。

下圖的（Ｂ）是跟（Ａ）成鏡像關係的分子。

圖 9.5

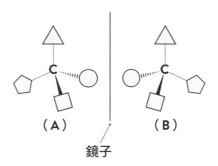
（Ａ）　　　　　　（Ｂ）

鏡子

分子（A）和（B）就跟右手和左手一樣，雖然長得一模一樣，卻左右相反，無法重合。

而這種關係的分子，就是本章的主角手性分子。

那麼，我們就來仔細檢查一下分子（A）和分子（B）是否真的無法重合吧。

由於上圖的狀態有點不好比較，所以我們把鏡中的（B）的三角形和五角形部分換個方向，跟（A）對齊。

圖 9.6

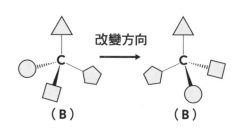

然後，我們把轉過方向的（B）重新跟（A）比較看看。

由於四角形的部分和圓形的部分位置相反，所以無法重合。

因此，（A）和（B）屬於2種不同的分子。

用立體圖來想的話，可以一眼看出有2種分子存在。

但用平面圖來思考，便會很難注意到這件事。

因為如同次頁圖所示，平面圖的話即使是鏡像關係，只要翻轉一下（正反面翻轉）就會變成同樣的圖形。

所以，若是使用平面圖去理解，並不容易意識到它們其實是2種不同的分子。

圖 9.7

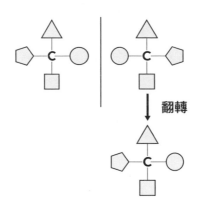

那麼，如果不是不對稱碳原子，換言之中央碳原子的結合對象中至少有2個是相同的話，真的就不會是手性分子嗎？

下面就使用碳原子跟2個相同對象結合的分子（D）為例，實際檢查看看。

圖 9.8

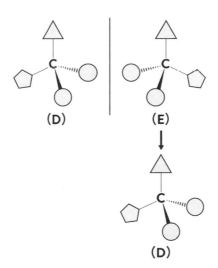

2個圓形的部分代表相同的結合對象。

此時，中央的碳原子就不是不對稱碳原子。

跟2個種類相同的對象結合時，分子（D）可以跟鏡像關係的分子（E）重合。

改變（E）的方向，然後跟（D）比較一下，可以看出兩者完全是同一種分子對吧（（D）＝（E））。

跟3個相同對象結合的分子（F）也是一樣的結果。

如下圖所示，改變鏡像分子（G）的方向，再跟原始的分子比較，可發現兩者是相同的東西（（F）＝（G））。

圖 9.9

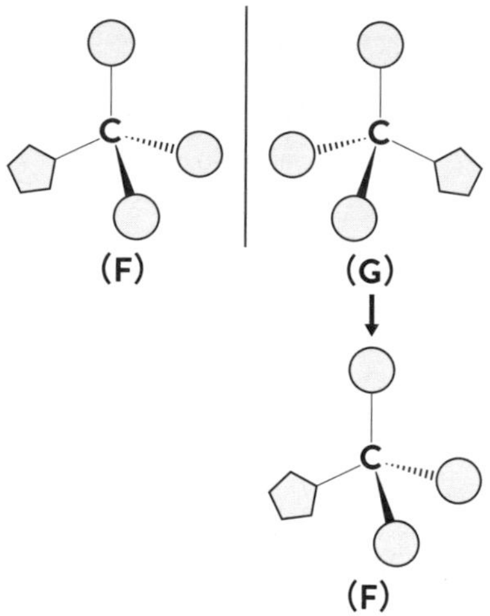

由以上的說明可知，只有當碳原子跟4個不同種類的對象結合時，這個分子才會是特別的。

用平面圖來畫，無法看出一個分子和它的鏡像分子到底是不是同一種分子，還是2種不同分子。

然而，若是用立體圖來想，就會發現它們其實是2種分子。

法國的約瑟夫‧阿希爾‧勒貝爾（1847－1930）
和荷蘭的雅各布斯‧亨里克斯‧凡特荷夫
（1852－1911）各自想出了
這種立體的理解方式。
其中凡特荷夫因化學熱力學和滲透壓的研究，
在1901年拿到諾貝爾化學獎（第一屆）喔

另外，像這一類互為鏡像關係的分子被稱為「**對掌異構體**」或是「**對映異構體**」。

比如我們可以說「分子A和分子B互為手性關係」，或是「分子A是分子B的對掌異構體」。

還有，以1：1的比例混合了2種互為手性關係之分子的組成物，叫作「**外消旋體**」。

請大家把這些名詞一起記下來喔。

以上，我們大致介紹了什麼是手性分子。

最後，我們再回頭看看乳酸（p.207）這個具體的例子。

下圖畫出了2個對掌異構體的結構，請檢查看看它們是不是真的不能重合吧。

圖 9.10

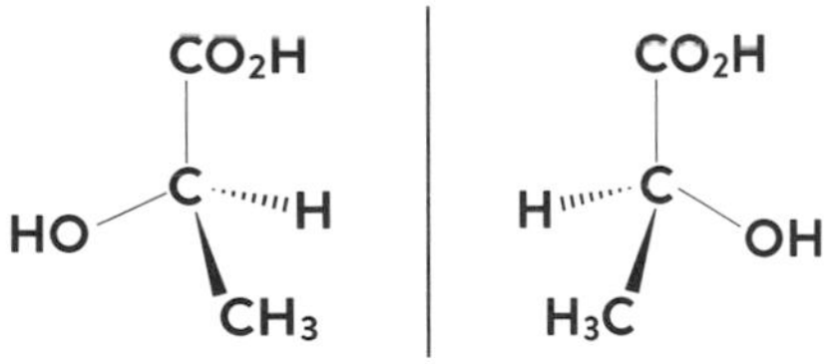

$$HO-\overset{CO_2H}{\underset{CH_3}{C}}-H \qquad H-\overset{CO_2H}{\underset{H_3C}{C}}-OH$$

手性分子的關係的確
就像左手和右手呢

順帶一提，英語的手性（Chiral）
一詞就源自希臘語的
「手（Cheir）」喔

2　藥的作用原理

本節，我們將說明手性分子與生物之間的關係。

構成我們身體的蛋白質中，也含有不對稱碳原子。

而蛋白質的組成元素是胺基酸，還記得吧。

胺基酸的構造在Chapter 4介紹過，但當時我們並沒有詳細畫出不對稱碳原子的部分（p.96）。

這裡我們重新畫出它的詳細結構，請見次頁圖。

圖 9.11

H H O
H—N—C—C—OH = H_2N—C$\cdots$CH_3
      | （立體結構）
     H—C—H
      |
      H
丙胺酸

H H O
H—N—C—C—OH = H_2N—C$\cdots$CH_2OH
      |
     H—C—H
      |
      OH
絲胺酸

H H O
H—N—C—C—OH = H_2N—C$\cdots$CH_2SH
      |
     H—C—H
      |
      SH
半胱胺酸

這裡只畫出
組成生物體的20種
胺基酸中的其中3種

那其他的胺基酸也同樣
擁有不對稱碳原子嗎？

除了甘胺酸（p.96）之外的胺基酸都有喔。
只有甘胺酸是例外，它擁有2個氫原子，
所以沒有不對稱碳原子

由此可知胺基酸擁有不對稱碳原子。
因此如次頁圖所示，應該存在2個對掌異構體。

然而不可思議的是，生物體內的胺基酸絕大多數都只有同一種對掌異構體。

圖 9.12

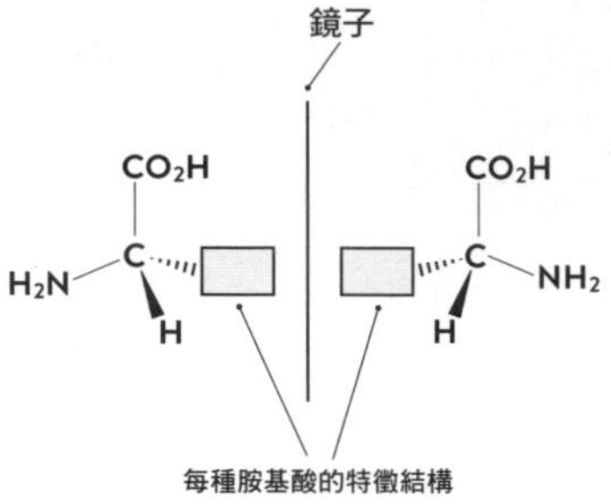

鏡子

每種胺基酸的特徵結構

對於胺基酸的2種對掌異構體，習慣在名字前面加上L或D來區分。

比如下圖所示，分別寫成L-丙胺酸和D-丙胺酸。

而生物體內的胺基酸幾乎全都是L的對掌異構體，因此基本上所有蛋白質都是由L對掌異構體組成的。

圖 9.13

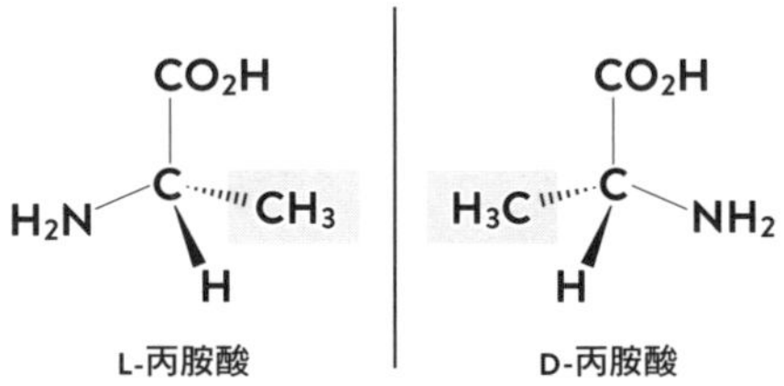

L-丙胺酸

D-丙胺酸

順帶一提，哪一種對掌異構體要前面加L，哪一種前面加D，是有嚴格規定的。

首先，改變胺基酸的畫法，使胺基酸的共通構造「CO_2H」和各種胺基酸的特徵構造（丙胺酸的話是CH_3）如次頁圖那樣對齊。

　　此時，胺基酸的另一個共通結構「NH_2」朝向左側的話，該對掌異構體就是L-丙胺酸；朝向右側的話就是D-丙胺酸。

圖 9.14

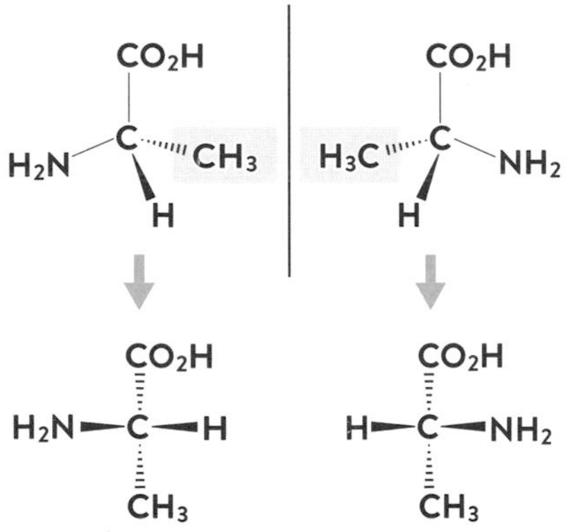

L-丙胺酸　　　　　　　　D-丙胺酸

　　藉由這樣的規定，即使不畫出立體結構，也能讓全世界的人們在討論時，知道對方說的究竟是哪種的對掌異構體。

　　接著，再來解釋這件事的重要性──構成蛋白質的胺基酸幾乎都是同一種對掌異構體。

　　這件事對藥物分子的研發非常重要。

　　話說回來，藥物究竟是如何在我們體內發揮藥效的呢？

　　藥物的作用原理有很多種，其中代表性的機制之一，就是跟讓藥物分子跟我們體內的「**受體**」結合來發揮作用。

　　受體是一種蛋白質，有的可以偵測光、有的可以偵測味道、有的可以偵測氣味（p.95），不同種類的受體各自擁有不同功能。

　　這些受體通常存在於細胞膜上。

　　而如同酵素的構造中存在一個凹槽（p.170），受體的構造中也有一個

跟其他分子結合的地方。

　　比如，鼻子裡的受體可以跟使人類產生嗅覺的分子結合，然後將嗅覺訊息傳遞到腦部。

圖 9.15

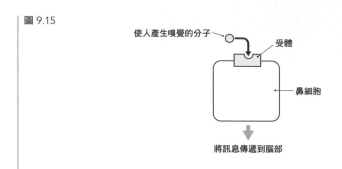

　　除此之外，人體中還存在影響血管、心臟、支氣管的「腎上腺素受體」；與過敏機制和胃酸分泌有關的「組織胺受體」；跟腦部運作和血液凝固、嘔吐有關的「血清素受體」等等，種類五花八門。

　　當這幾種受體分別跟「腎上腺素或正腎上腺素」、「組織胺」、「血清素」等人體內存在的物質結合時，就會啟動某種功能。

　　除了這些，這些受體底下又可再細分成許多子類，並且都擁有各自的名字。

　　比如腎上腺素受體可分為 α_1、α_2、β_1、β_2、β_3受體；組織胺受體分為H_1、H_2、H_3、H_4受體（α_1和α_2受體又可繼續往下細分）。

　　還有，即便是名字相同的受體，也可能存在於人體的不同地方。

　　譬如H_2受體既存在於跟過敏有關的細胞上，也存在於分泌胃酸的細胞上。

　　由於不同細類、不同分布位置的受體，功能都各不相同，因此有時雖然名字都叫「腎上腺素受體」或「組織胺受體」，但各自的功能卻完全不一樣。

　　而藥物分子便是藉由跟這些受體結合來發揮藥效。

以下介紹一個具體的例子。

當存在於心臟的腎上腺素受體（β_1受體）跟腎上腺素或正腎上腺素結合時，可以提高心臟的功能（下圖的（1））。

而有一種藥物叫「普萘洛爾」，它可以代替腎上腺素，跟腎上腺素受體結合（2）。

然而，這種藥跟受體結合時，並不會啟動受體的功能。

因此，它可以用來降低心臟的功能，繼而降低血壓（治療高血壓）。

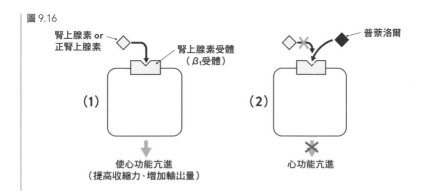

圖 9.16

順帶一提，普萘洛爾也可以跟具有擴張支氣管效果的腎上腺素受體（β_2受體）結合喔

它跟β_2受體結合會發生什麼事？

普萘洛爾同樣可以阻斷β_2受體的功能，所以有可能導致支氣管收縮。因此患有氣喘的人不可以服用這種藥物喔

話題回到藥物分子的開發。

假如一種藥物的分子存在對掌異構體，那麼這2種對掌異構體往往會具有不同的效果。

比如先前登場的普萘洛爾也擁有不對稱碳原子。

圖 9.17

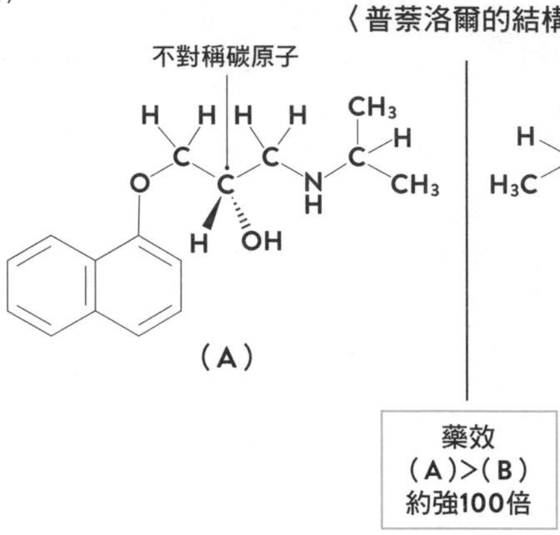

〈普萘洛爾的結構〉

不對稱碳原子

（A）

（B）

藥效
（A）＞（B）
約強100倍

而科學家已經知道，對掌異構體A的藥效會比對掌異構體B強約100倍之多。

雖然互為對掌異構體，但作用效果卻有天淵之別。

為什麼明明結構幾乎相同，藥效卻存在這麼大的差異呢？

一如前面所述，跟藥物分子結合的受體也是一種蛋白質。

組成蛋白質的胺基酸也是手性分子，而且人體內的胺基酸幾乎都是L這邊的胺基酸。

同樣地，受體跟藥物分子結合的部位，也會受到它的立體結構影響。

換句話說，藥物分子的2種對掌異構體，在與受體的結合能力上存在著差異。

藥物分子能不能跟受體結合，就跟Chapter 8介紹酵素時所舉的鑰匙和鎖孔之關係很類似（p.172）。

假設藥物分子是螺絲，而受體是螺帽。

那麼2種互為對掌異構體的關係，就像是向右旋的螺絲和向左旋的螺絲一般。

向右旋的螺絲可以順利鎖進向右旋的螺帽中。

但向左旋的螺絲就沒辦法跟向右旋的螺帽咬合。

這就是為什麼一種對掌異構體可以順利跟受體結合，而另一種卻沒辦法結合。

圖 9.18

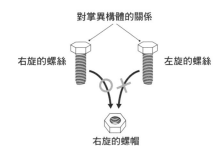

對掌異構體的關係

右旋的螺絲　　　　　　左旋的螺絲

右旋的螺帽

酵素也可以用螺帽來比喻嗎？

是啊。因為酵素也是蛋白質，
所以酵素的凹槽同樣會區分對掌異構體喔。
事實上藥物作用的其中一種機制，
就是以人體內的特定酵素為目標喔

以普萘洛爾來說，前面提到的是2種對掌異構體的治療效果存在差異，但有時這個差異不只會體現在療效上。

換言之，在某些案例，其中一邊的對掌異構體會出現更強的副作用。

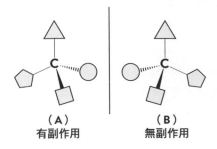

圖 9.19

（Ａ）
有副作用

（Ｂ）
無副作用

　　由此可知，在研發藥物的時候，必須得確定不同對掌異構體對生物體
分別有什麼樣的影響。

　　在確定了各自的影響後，我們就能選擇合成其中更有用、危險性更低
的該種對掌異構體。

　　本章介紹的諾貝爾化學獎研究，便是關於**如何用化學反應優先合成出
特定某邊對掌異構體的方法**。

　　其中的細節將在下一節說明。

3　製造單邊的對掌異構體

　　那麼，接下來終於要進入本章主題，介紹合成特定某邊對掌異構體的
研究了。

　　要用化學反應優先合成出其中一邊的對掌異構體，在過去是一件非常
困難的事。

　　這是因為，用化學反應人工合成手性分子時，合成出的2種對掌異構
物比例通常是1：1（外消旋體）。

比如下圖所呈現的化學反應，使用不帶有不對稱碳原子的分子去進行化學反應合成出擁有不對稱碳原子的分子時，能夠合成出來的往往是外消旋體。

而且，要將合成出來的外消旋體分離成不同的對掌異構體，也同樣不容易。

這是因為對掌異構體的結構幾乎完全相同，唯一的差異只有結構是鏡像關係。

一如上一節的說明，雖然兩者對生物的作用通常很不一樣，但熔點、**沸點、溶解度等性質卻是完全相同**。

因此，例如分離固體和液體的「過濾法」；利用沸點差異分離物質的「蒸餾法」（尤其是分餾）；以及利用物質在不同溫度之下的溶解度變化，使之結晶化後再分離的「再結晶法」等各種不同的化學方法，都**無法分離外消旋體**。

圖 9.20

有不對稱碳原子

沒有不對稱碳原子

化學反應

1：1
（外消旋體）
無法分離！

上圖是C＝O的部分被轉換，
改跟2個氫原子結合的化學反應喔

化學反應後
產生了不對稱碳原子，
變成手性分子了……！

是啊。
可是，生成的卻是外消旋體

話雖如此，其中也有例外。

事實上，某些物質只要將2種對掌異構體分別結晶化，是有可能分離外消旋體的。

比如「酒石酸鹽（Ammonium sodium tartrate）」這種物質的外消旋體，在某些條件下，可以分別析出2種對掌異構體。

在1800年代，法國的**路易‧巴斯德**（1822-1895）就成功用鑷子分離出2種酒石酸鹽的結晶，揭示了對掌異構體的存在。

圖 9.21

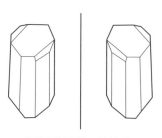

酒石酸鹽的2種結晶

另外，近年也發展出多種分離外消旋體的方法。

然而，分離外消旋體的工程非常複雜，而且也會白白浪費掉對掌異構

物中不需要的那邊。

所以，要獲取特定某一邊的對掌異構物，果然還是需要一種只用化學反應就能合成單邊對掌異構物的技術。

這項研究在1960年代正式展開。

而最終研發出來的方法，便是在2001年榮獲諾貝爾化學獎的研究，該年度的受獎者分別是**威廉・諾爾斯博士**、**野依良治教授**以及**巴里・沙普利斯教授**。

這個方法俗稱「**不對稱合成法**」。

William Knowles
威廉・諾爾斯
（1917−2012）

Ryoji Noyori
野依良治
（1938−）

Barry Sharpless
巴里・沙普利斯
（1941−）

那麼，下面將會說明他們究竟用了何種方法，才成功實現出這個化學反應。

如圖9.20所示，使用通常的方法，沒辦法優先合成出特定某邊的對掌異構體。

這裡我們將主要介紹野依良治教授進行的研究，講解什麼是不對稱合成法。

野依教授是利用一種被稱為**BINAP**的分子，在研究中確定了不對稱合成法。

如下方的圖所示，BINAP存在2種互為對掌異構關係的分子。

儘管它們的結構中不存在不對稱碳原子，但BINAP其實也是一種手性分子。

這2種對掌異構體分別叫(*R*)-BINAP、(*S*)-BINAP。

這裡的*R*和*S*，就跟胺基酸的D和L一樣（p.216），是用於區分2種對掌異構體的符號。

圖 9.22

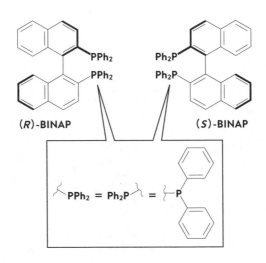

標示「PPh₂」或「Ph₂P」的地方，
是含有磷原子（P）和2個苯環的結構

之前苯環的簡稱
也是寫成「Ph」

　　在BINAP的結構中，含有像是由2個苯環連接而成，被稱之為「**萘**（Naphthalene）」的平面結構。

　　畫粗線的化學鍵，代表它們指向書頁的上面。

　　不過我想光是用這種表示方法，應該很難想像出它的立體結構。

　　所以我們換個視角，看看BINAP的立體結構到底長得什麼樣子。

　　下圖是BINAP從正上方往下看的模樣。

圖 9.23

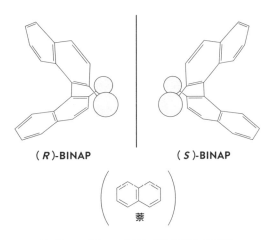

（*R*）-BINAP　　　　　　（*S*）-BINAP

萘

＊標示「PPh₂」或「Ph₂P」的地方，即是本圖中的圓形部分。

　　2個萘的結構是以不對稱的方式排列。

　　由此可見，(*R*)-BINAP與它的鏡像雙胞胎(*S*)-BINAP無法重合，是對掌異構體的關係。

　　上一節曾說過，手性分子大多擁有不對稱碳原子，但從此例可知，也有一些手性分子是因為整體的構造而導致不對稱。

　　如果只取BINAP的2種對掌異構體的其中一種用於化學反應，就有可能實現接下來的這件事。

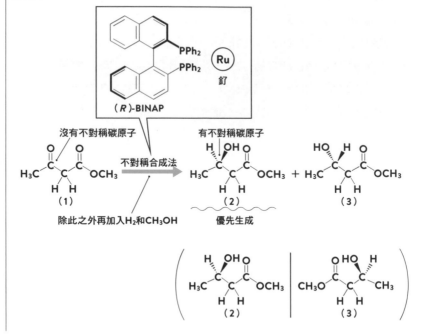

那就是將沒有不對稱碳原子的分子（1），轉換成擁有不對稱碳原子的分子（2）和（3）。

這裡可能有點不好理解，但分子（2）和（3）其實是互為對掌異構物的關係。

觀察括弧內分子（3）的翻轉圖，應該會比較好想像。

在這個化學反應中，使用的是(R)-BINAP和一種含有釕（Ru）金屬的催化劑。

同時，過程中還需要在高壓狀態下加入氫氣分子（H_2）和甲醇（CH_3OH）。

這個化學反應會在(R)-BINAP的影響之下進行，並在分子（2）以及分子（3）中，以壓倒性的比例優先生成出結構是H在背面、OH在正面的分子（2）。

那麼，接著來看看這種不對稱合成法的機制。

前面提到這個化學反應會受到(*R*)-BINAP的影響，但光聽這句話，應該很難明白是什麼意思吧。

事實上，這種不對稱合成法的機制非常專門深奧，難以理解。

所以我們將使用分子的模式圖（下圖），解釋為什麼可以只生成單邊的對掌異構體（但充其量只是解釋不對稱合成法的概念）。

下面我們來看看一個化學反應，是如何將沒有不對稱碳原子的分子（4）跟圓形圖形結合，轉換成分子（5）和（6）的。

此時，碳原子跟四角形與圖形之間的2條化學鍵，其中一條會被用來形成新的化學鍵。

而生成出的分子（5）和（6）都擁有不對稱碳原子，是互為對掌異構物的關係。

圖 9.25

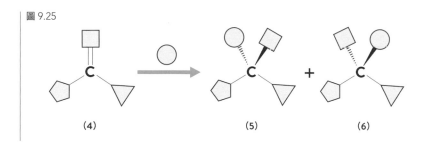

(4)　　　　　　　(5)　　　(6)

本例跟上一頁的例子一樣，
將分子（6）翻轉過來，
會更好理解為什麼
它跟分子（5）是鏡像關係

因為擁有不對稱碳原子的
分子是四面體結構對吧！

在下圖的上半部，畫的是這個生成對掌異構物化學反應的立體結構圖。

包圍分子（4）的四角形（平行四邊形），意思是跟分子（4）在同一平面上。

圖中的圓形，可以從下方跟分子（4）結合（模式A），也可以從上方結合（模式B）。

接著，再來看看圖的下半部分。

在模式A之中，圓形會從分子（4）的後方（背面）結合，生成出分子（5）。

此時，本來跟與之結合的四角形會跑到正面來。

相反地，在模式B之中，圓形會從分子（4）的正面結合，生成出分子（6）。

而這次四角形則跑到背面去了。

圖 9.26

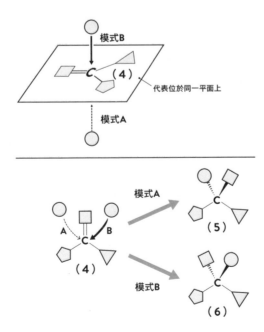

　　在傳統的（非不對稱合成法）化學反應中，由於模式A和模式B的發生比例各有50％，因此生成物會變成外消旋體。

　　因此要使化學反應只生成出單一種的對掌異構體，就必須額外在其中做一點手腳。

　　如同前述的(R)-BINAP，如果使用單一種對掌異構體當催化劑，就有可能只產生模式A或模式B的其中一種化學反應。

　　關於其中的原理，我們使用下圖（催化劑（7）和（8））來說明。

圖 9.27

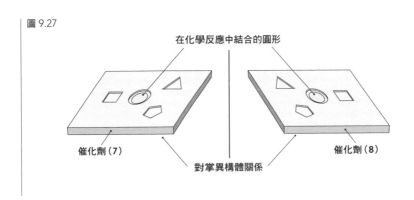

在化學反應中結合的圓形

催化劑（7）　　　　　催化劑（8）

對掌異構體關係

　　催化劑（7）和（8）是無法重合的對掌異構體關係，分別代表了2種BINAP（＋釕）。

　　同時，假設圖中的三角形、四角形以及五角形部分，會吸引分子（4）中的對應圖形。

　　在這個催化劑的正中央，設有在化學反應中結合的圓形。

　　而這2塊板子的背面什麼都沒有。

　　那麼，接著就來看看這個化學反應的過程。

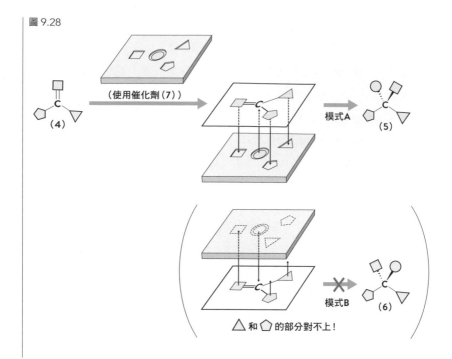

圖 9.28

不對稱合成法的關鍵，在於只使用催化劑（7）或（8）的其中之一。換言之，就是使用單一的對掌異構體當催化劑。

如上面這張圖所示，使用催化劑（7）時，分子（4）會優先生成分子（5）（模式A）。

上圖畫的是分子（4）的三角形、四角形、五角形部分被催化劑（7）吸引的狀態，以及圓形部分跟分子（4）的碳原子結合的過程。

如括弧內的部分所示，由於從反方向結合的話會發生圖形對不上的狀況，所以分子（4）難以被催化劑（7）吸引（模式B）。

相反地，使用催化劑（8）的時候，就會從模式B的方向結合，生成分子（6），而難以生成分子（5）。

這就是使用單一對掌異構體當催化劑，生成特定單邊對掌異構體的概念圖。

　　對比p.228的化學反應範例，催化劑（7）就代表了(*R*)-BINAP（＋釕），分子（4）是擁有不對稱碳原子的分子（1），分子（5）和（6）分別對應對掌異構體（2）和（3）。

　　分子（4）結合的圓形相當於與分子（1）的碳原子直接結合的H（這個H是從氫氣分子來的）。

　　另外，日本最大的香料製造商「高砂香料工業」，也成功利用這個BINAP，實現了「薄荷醇」分子的工業化量產。

　　原本，薄荷醇是薄荷（植物）油的主成分，也就是使薄荷具有香味的分子。

　　這種氣味分子也會跟受體結合（p.218），因此2種對掌異構體的作用有很多相異之處。

　　就如同下圖所表現的，它的其中一種對掌異構體會讓我們感覺到薄荷的香氣。

　　而另一種對掌異構體卻會讓人類聞到跟薄荷完全不同的氣味，非常不可思議。

　　利用不對稱合成法，我們就可以優先合成出具有薄荷香氣的那一種對掌異構體。

圖 9.29

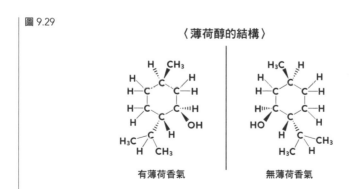

〈薄荷醇的結構〉

有薄荷香氣　　　　　　　無薄荷香氣

薄荷醇有3個
不對稱碳原子耶！

在構築其中一個不對稱碳原子時，會使用
(S)-BINAP和銠（Rh）金屬當催化劑，
利用名為「不對稱異構化反應」的化學反應

　　另外，有時即便只有其中一邊的對掌異構體是有用的，也不一定會採用不對稱合成法來製造。

　　因為不對稱合成法並非總是百分之百有效，而且如同前面提到的（p.224），現代也發展出可以分離外消旋體的方法。

　　順帶一提，以醫藥品的普萘洛爾來說（p.219），由於製造成本的問題，目前還是直接使用它的外消旋體。

　　當然，這只限於另一邊沒有藥效的對掌異構體安全性較高的情況。

　　在產品化的時候，通常會考慮各種不同因素，選擇最適合的方法。

　　接著，我們再來介紹一下另一位因研發不對稱合成法而拿到諾貝爾化學獎的學者，孟山都公司的威廉・諾爾斯博士所締造的成就。

　　諾爾斯博士利用了不對稱合成法製造出藥物分子「L-多巴」。

　　L-多巴被用來治療一種名叫「帕金森氏症」的疾病。

　　諾爾斯博士使用一種稱為「**DIPAMP**」的分子，優先合成出單一邊的對掌異構體（圖9.30）。

　　雖然DIPAMP沒有不對稱碳原子，但它也是一種手性分子。

　　這種分子存在對掌異構體的主要原因，在於磷原子（P）。

　　DIPAMP的磷原子，分別跟3種不同的原子集團結合。

　　而且，如圖所示，這個磷原子還擁有用2個黑點代表的「剩餘電子」

（參照P.135），狀態很類似不對稱碳原子。

　　雖然DIPAMP分子中擁有2個這種磷原子，所以不太容易看出來，但它的確存在鏡像關係的對掌異構體。

　　在這個化學反應中，用到了如圖9.30所示的對掌異構體。

　　在反應中，諾爾斯使用了DIPAMP和含有銠（Rh）金屬的催化劑，去跟另一個沒有不對稱碳原子的分子（1）作用。

　　跟前面介紹的反應一樣，此化學反應也是會在加壓狀態下加入氫氣分子（H_2）和甲醇（CH_3OH）。

　　轉換後的分子擁有不對稱碳原子，且如圖所示，會優先生成對掌異構體（2）。

　　接著再利用化學反應轉換分子（2），就能得到分子（3），也就是L-多巴這種藥物分子。孟山都公司成功實現了此藥物的工業化合成。

圖 9.30

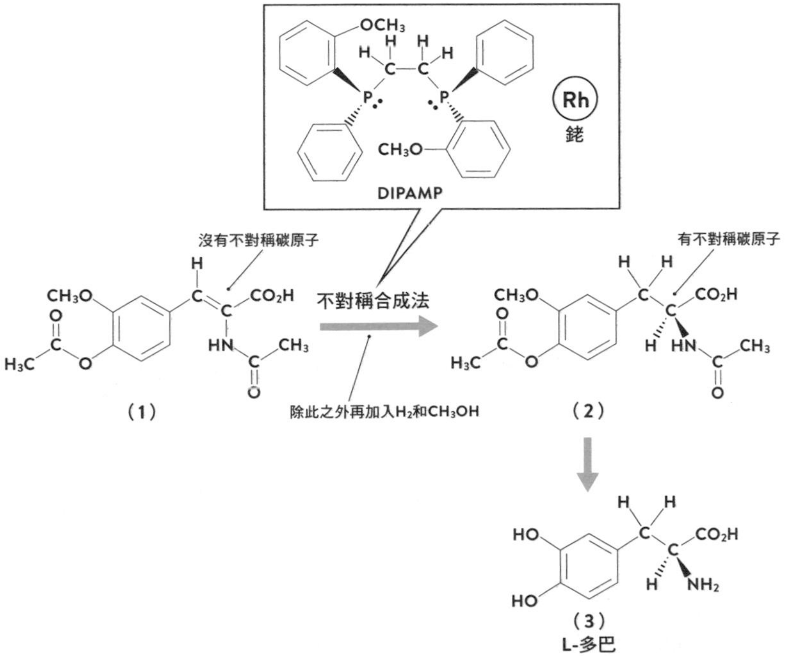

至於本章的最後一位諾貝爾獎得主
巴里·沙普利斯教授（斯克里普斯研究所，美國），
則開發出了俗稱「不對稱氧化反應」的不對稱合成法。
九州大學的香月勗教授也是這項研究的共同研究者喔

在本節，我們講解了可以優先合成出其中一邊對掌異構體的不對稱合成法。

然後，我們還說到這個方法對實際的產品製造非常有用。

另外，有時就算可以使用不對稱合成法，也不見得能夠百分之百只合成出其中一種對掌異構體。

也有某些分子結構完全無法進行不對稱合成。

直到今天，研究者們依然不斷在做實驗，以期望能在特定的化學反應中，盡可能大量合成出單一的對掌異構體。

4　不對稱合成法的新發展

在那之後，科學家們又研發出許多有利於不對稱合成法的催化劑。

2021年，一項名為「**有機分子催化劑**」的催化劑研究拿到了諾貝爾化學獎。

如次頁的圖所示，這些催化劑中含有類似不對稱碳原子或BINAP的構造，可以用於不對稱合成法。

其實，上一節介紹的不對稱合成法，往往只能用在使用釕（Ru）或銠（Rh）等貴金屬的化學反應中。

而有機分子催化劑，則有可能用於不使用上述金屬的化學反應中。

因此，現在許多不同類型的化學反應，都已經可以優先合成出單一的對掌異構物。

另外，不需要使用貴金屬這件事，本身也是一大優點。

理所當然地，既然不使用貴金屬，就不會產生金屬廢棄物，因此可以降低對環境的汙染。

圖 9.31

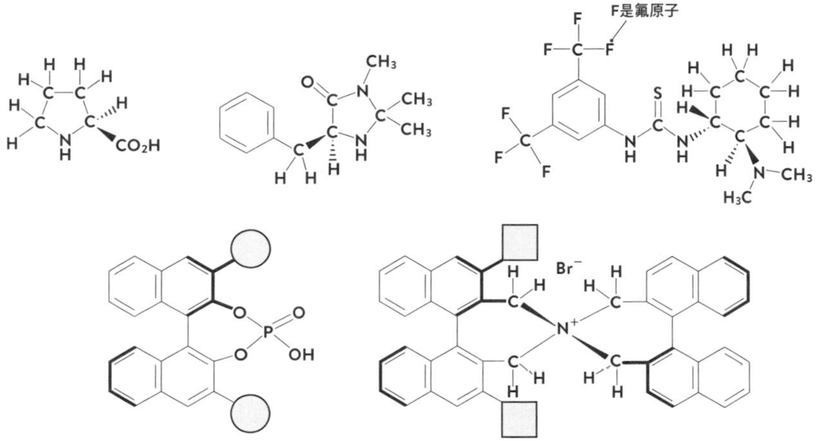

F是氟原子

*為簡化圖例，圖中一部分的結構式用圖形（圓形和四角形）代替。

該年的諾貝爾獎得主是該研究領域的先驅，
本亞明・利斯特教授（1968－）和
戴維・麥克米倫教授（1968－）喔

日本也有很多學者
在研發有機分子催化劑喔！

結語

　《圖解諾貝爾化學獎的生活實用課》到此便完結了。本書詳述了諾貝爾化學獎得主的具體研究內容，以及這些研究如何在生活中發揮作用。希望看完本書後，大家會喜歡上化學這門學問。

　雖然到目前為止，我們一直在強調化學美好的一面，但化學也有一些值得關注的負面問題。例如，在哈柏-博施法中，過量生產的含氮肥料對環境和生態系產生的負面影響，已經成為一項必須重視的議題。此外，大量塑膠製品（如塑膠袋）被丟棄到海洋中，導致海洋生物誤食，也成為一項環境問題。還有，雖然藥物分子可以對抗疾病，但也存在著副作用，因此藥害問題也一再出現。目前研究人員們也在積極研究，希望能夠解決這些問題。

　此外，最後我想補充一下，雖然本書主要介紹的是諾貝爾化學獎得主，但這些偉大的研究成果，其實是建立在無數研究者的努力之上。

　最後，由衷感謝將本書塑造得如此迷人的studio postAge，以及吉田考宏先生、畠山モグ先生、溜池省三先生。
　同時，也深深感激本書的編輯永瀨敏章先生及其他ベレ出版社的成員，他們將本書引導至正確方向。

2022年9月 山口 悟

参考文献

Chapter 1

アントワーヌ・ローラン・ラボアジエ（著），田中豊助、原田紀子（共譯）**《古典化学シリーズ4 化学のはじめ 増補訂正版》**內田老鶴圃新社（1979）

ロバート・ボイル（著），田中豊助、原田紀子、石橋 裕（共譯）**《古典化学シリーズ3 懐疑的化学者》**內田老鶴圃新社（1987）

梶 雅範《メンデレーエフの周期律発見》北海道大学図書刊行会（1997）

アイザック・アシモフ（著），竹内敬人（譯）**《化学の歴史》**ちくま学芸文庫（2010）

吉村正和《図説煉金術》河出書房新社（2012）

戸島直樹、瀬川浩司（共編）**《理解しやすい化学 化学基礎収録版》**文英堂（2012）

有山智雄、上原 隼、岡田 仁、小島智之、中西克爾、中道淳一、宮内卓也《**中学総合的研究 理科三訂版》**旺文社（2013）

廣田襄《現代化学史 原子・分子の科学の発展》京都大学学術出版会（2013）

櫻井博儀《元素はどうしてできたのか》PHPサイエンス・ワールド新書（2013）

ジョエル・レヴィー（著），左巻健男（監修），今里崇之（譯）**《大人のためのやり直し講座 化学——錬金から周期律の発見まで》**創元社（2014）

野村祐次郎、辰巳 敬、本間善夫《**チャート式シリーズ 新化学 化学基礎・化学》**数研出版（2014）

吉田光邦《錬金術——仙術と科学の間》中公文庫（2014）

化学史学会（編）**《化学史への招待》**オーム社（2019）

左巻健男《中学生にもわかる化学史》ちくま新書（2019）

藤嶋 昭、井上晴夫、鈴木孝宗、角田勝則《**人物でよみとく化学》**朝日新聞出版（2021）

Chapter 2

中野昭一（編）**《生理・生化学・栄養 図説 からだの仕組みと働き》**医歯薬出版（2001）

足立吟也、岩倉千秋、馬場章夫（編）**《新しい工業化学——環境との調和をめざして》**化学同人（2004）

佐藤健太郎《炭素文明論》新潮社（2013）

松本吉泰《分子レベルで見た触媒の働き——反応はなぜ速く進むのか》講談社（2015）

Harold A.Wittcoff、Bryan G. Reuben、Jeffrey S. Plotkin（著），田島慶三、府川伊三郎（譯）**《工業有機化学（下）》**東京化学同人（2016）

トーマス・ヘイガー（著），渡会圭子（譯），白川英樹（解説）**《大気を変える錬金術——ハーバー、ボッシュと化学の世紀》**みすず書房（2017）

Chapter 3

石田寅夫《ノーベル賞からみた有機化学入門》デザインエッグ社（2015）　←Chapter 5、6、9也有参考本書。

山本靖典、江口久雅、宮崎高則（著），鈴木章（監修）**《トコトンやさしいクロスカップリング反応の本》** 日刊工業新聞社（2017）

F. W. Friese, C. Mück-Lichtenfeld, A. Studer, Nat. Commun., 9, 2808（2018）　←p.67的化學反應來自這篇論文。

佐藤健太郎 **《すごい分子─世界は六角形でできている》** 講談社（2019）

Chapter 4

志田保夫、笠間健嗣、黒野 定、高山光男、高橋利枝 **《これならわかるマススペクトロメトリー》** 化学同人（2001）　←質譜儀的空氣測量結果圖表（p.86）參考了本書。

吉田多見男 **《分光研究》** Vol.52，No.3，168（2003）

清水 章 **《ノーベル賞の質量分析法で病気を診る》** 岩波書店（2003）

国松俊英（著），藤本四郎（繪）**《理科室から生まれたノーベル賞─田中耕一ものがたり》** 岩崎書店（2004）

川端 潤 **《ビギナーズ有機構造解析》** 化学同人（2005）

Jürgen H. Gross（著），日本質量分析学会出版委員会（譯）**《マススペクトロメトリー》** 丸善出版（2007）

矢澤サイエンスオフィス（編著）**《21世紀の知を読みとく ノーベル賞の科学─化学賞編》** 技術評論社（2010）　←Chapter5、6、8、9也有參考本書。

杉浦悠毅、末松 誠（編）**《質量分析実験ガイド》** 羊土社（2013）

楠見武徳 **《テキストブック 有機スペクトル解析─1D,2D NMR-IR・UV・MS》** 裳華房（2015）

日本医用マススペクトル学会、丹羽利充、中西豊文（編）**《医療系学生のための医用質量分析学テキスト》** 診断と治療社（2019）

大楠清文 **《臨床検査》** Vol.64，No.3，286（2020）

上田祥久、大柿真毅、高橋 豊（著），藤井敏博（編著）**《タンデム質量分析法─MS/MSの原理と実際》** 講談社（2021）

〈p.89的報告範例參考以下的論文〉

堀田佳江、早川 彬、廣瀬達也、中村文雄 **《関税中央分析所報》** No.49，57（2009）

A. Thomas, S. Guddat, M. Kohler, O. Krug, W. Schänzer, M. Petrou, M. Thevis, Rapid Commun. Mass Spectrom., 24, 8, 1124（2010）

N. Mochizuki, Chromatography, 33, 3, 167（2012）

菅田和子、伊達英代、富岡康博、平本春絵、長谷川由貴、上田健太、石部敦子 **《広島県立総合技術研究所保健環境センター研究報告》** No.28，13（2020）

Chapter 5

『化学』編集部（編）**《C₆₀・フラーレンの化学─サッカーボール分子のすべてがわかる本》** 化学同人（1993）

山崎 昶 **《サッカーボール型分子C₆₀─フラーレンから五色の炭素まで》** 講談社（1997）

K. P. C. Vollhardt、N.E. Schore（著），古賀憲司、野依良治、村橋俊一（監譯）《ボルハルト・ショアー現代有機化学 第4版（下）》化学同人（2004）

有賀克彦《賢くはたらく超分子—シャボン玉から未来のナノマシンまで》岩波書店（2005）

篠原久典《ナノカーボンの科学—セレンディピティーから始まった大発見の物語》講談社（2007）

西 信之、佃 達哉、斉藤真司、矢ヶ崎琢磨《クラスターの科学—機能性ナノ構造体の創成》米田出版（2009）

篠原久典、齋藤弥八《フラーレンとナノチューブの科学》名古屋大学出版（2011）

田中一義、東原秀和、篠原久典（編）《炭素学—基礎物性ら応用展開まで》化学同人（2011）

齋藤理一郎（著），須藤彰三、岡 真（監修）《フラーレン・ナノチューブ・グラフェンの科学—ナノカーボンの世界》共立出版（2015）

赤阪 健、山田道夫、前田 優、永瀬 茂（著），日本化学会（編）《フラーレンの化学》共立出版（2016）

佃 達哉《金属クラスターの化学—新しい機能性単位としての基礎と応用》サイエンス社（2017）

篠原久典（監修）《ナノカーボンの応用と実用化—フラーレン・ナノチューブ・グラフェンを中心に普及版》シーエムシー出版（2017）

香野大輔、近藤邦夫《化学と工業》Vol.74，No.6，418（2021）

Chapter 6

白川英樹《化学に魅せられて》岩波新書（2001）

白川英樹《私の歩んだ道—ノーベル化学賞の発想》朝日新聞社（2001）

蒲池幹治《改訂 高分子化学入門—高分子の面白さはどこからくるか》エヌ・ティー・エス（2006）

五島綾子《ブレークスルーの科学—ノーベル賞受賞者・白川英樹博士の場合》日経BP社（2007）

西久保忠臣（編）《ベーシックマスター 高分子化学》オーム社（2011）

松浦一雄（編著），尾崎邦宏（監修）《しくみ図解 高分子材料が一番わかる》技術評論社（2011）

井上祥平、堀江一之（編）《高分子化学—基礎と応用 第3版》東京化学同人（2012）

扇澤敏明、柿本雅明、鞠谷雄士、塩谷正俊《身近なモノから理解する 高分子の科学》日刊工業新聞社（2014）

数研出版編集部（編）《三訂版 視覚でとらえるフォトサイエン 化学図録》数研出版（2016）

白川英樹、廣木一亮《実験でわかる 電気をとおすプラスチックのひみつ》コロナ社（2017）

Chapter 7

渡辺 正、片山 靖《電池がわかる 電気化学入門》オーム社（2011）

藤瀧和弘、佐藤祐一（著），真西まり（畫）《マンガでわかる電池》オーム社（2012）

吉野 彰（監修）《リチウムオン電池 この15年と未来技術 普及版》シーエムシー出版（2014）

吉野 彰《電池が起こすエネルギー革命》NHK出版（2017）

斎藤勝裕《世界を変える電池の科学》C&R研究所（2019）

A. Ramanan, Curr. Sci., 117, 9, 1416（2019）

神野将志《電池BOOK》総合科学出版（2019）

Chapter 8

近江谷克裕《発光生物のふしぎ―光るしくみの解明から生命科学最前線まで》SBクリエイティブ（2009）

生化学若い研究者の会（編著），石浦章一（監修）《光るクラゲがノーベル賞をとった理由―蛍光タンパク質GFPの発見物語》日本評論社（2009）

下村 脩《クラゲの光に魅せられて―ノーベル化学賞の原点》朝日新聞出版（2009）

寺西克倫《化学と生物》Vol.47，No.7，457（2009）

ヴィンセント・ピエリボン、デヴィッド・F・グルーバー（著），滋賀陽子（譯）《光るクラゲ―蛍光タンパク質開発物語》青土社（2010）

下村 脩《クラゲに学ぶ―ノーベル賞への道》長崎文献社（2010）

水野丈夫、淺島 誠（共編）《理解しやすい生物 生物基礎収録版》文英堂（2012）

David L. Nelson、Michael M. Cox（著），川嵜敏祐（監修），中山和久（編）《レーニンジャーの新生化学―生化学と分子生物学の基本原理[上]第6版》廣川書店（2015）

鈴木考仁（監修），数研出版編集部（編）《三訂版 視覚でとらえるフォトサイエンス生物図録》数研出版（2016）

Osamu Shimomura, Ilia Yampolsky《Bioluminescence: Chemical Principles and Methods (Third Edition)》World Scientific（2019）

松本正勝（著），日本化学会（編）《生物の発光と化学発光》共立出版（2019）

吉野 彰《吉野彰 特別授業『ロウソクの科学』》NHK出版（2020）

伊藤和修《大学入試 生物の質問52[生物基礎・生物]》旺文社（2021）

Chapter 9

長野哲雄、夏苅英昭、原 博（編）《創薬化学》東京化学同人（2004）

日本化学会（編），大嶌幸一郎（責任編輯）《実力養成化学スクール1 キラル化学―不斉合成》丸善（2005）

田中千賀子、加藤隆一（編）《NEW薬理学 改訂第6版》南江堂（2011）

淺井考介、柴田奈央《くすりのかたち―もし薬剤師が薬の構造式をもう一度勉強したら》南山堂（2013）

John F. Hartwig（著），小宮三四郎、穐田宗隆、岩澤伸治（監譯）《ハートウィグ 有機遷移金属化学（下）》東京化学同人（2015）

サム・キーン（著），松井信彦（譯）《スプーンと元素周期表》早川書房（2015）

日本化学会（編）《有機分子触媒の化学―モノづくりのパラダイムシフト》化学同人（2016）

作者介紹

山口 悟（Yamaguchi Satoru）

▶ 1984年生於日本神奈川縣。
曾任職於製藥公司和東京藥科大學藥學系。
理學博士。東京工業大學大學院畢業。
國中與高中時期參加籃球社。
日文著作有《用化學式寫出我們身邊的各種事物》（ベレ出版）一書。
證照：藥劑師（北里大學 藥學部畢業）
興趣：讀書、將棋、寫程式、肌肉訓練
座右銘：「遇到危機也不放棄」

日文版STAFF

DTP	studio postAGE
內文圖版	溜池 省三
校對	曾根 信寿
內文設計	吉田 考宏
封面、內文插圖	畠山 モグ

圖解諾貝爾化學獎的
生活實用課
解析與生活零距離的劃時代研究

2023年7月1日初版第一刷發行

作　　者	山口 悟
譯　　者	陳識中
編　　輯	吳欣怡
美術編輯	黃郁琇
發 行 人	若森稔雄
發 行 所	台灣東販股份有限公司
	＜地址＞台北市南京東路4段130號2F-1
	＜電話＞(02) 2577-8878
	＜傳真＞(02) 2577-8896
	＜網址＞www.tohan.com.tw
郵撥帳號	1405049-4
法律顧問	蕭雄淋律師
總 經 銷	聯合發行股份有限公司
	＜電話＞(02) 2917-8022

國家圖書館出版品預行編目(CIP)資料

圖解諾貝爾化學獎的生活實用課：解析與生
活零距離的劃時代研究/山口悟著；陳識中
譯. -- 初版. -- 臺北市：臺灣東販股份有限
公司, 2023.07
244面 ;14.8×21公分
ISBN 978-626-329-890-3 (平裝)

1.CST: 化學 2.CST: 諾貝爾獎

340　　　　　　　　　　　112008555

NOBEL KAGAKUSHO NI KAGAYAITA
KENKYU NO SUGOI TOKORO WO
WAKARIYASUKU SETSUMEI SHITEMITA
© SATORU YAMAGUCHI 2022
Originally published in Japan in 2022
by BERET PUBLISHING CO., LTD.,TOKYO.
Traditional Chinese translation rights arranged
with BERET PUBLISHING CO., LTD.,TOKYO,
through TOHAN CORPORATION, TOKYO.